心伶美厨

美善品研究室

美善品銷售第一明星顧問

顏伶伃 —— 著

U0029856

我常常說，料理最美好的事，
是做完料理以後，有人和你一起分享。
而這最美好的事情，
我們可以讓它每天發生！

記得那一天的午後,我在台中感受到廚藝女神的魅力。

記得那天下午,台中天氣陰晴不定,我來到美善品的台中總部,準備一起與顧問們研究更多的好食譜。那是我第一次見到伶仔,總覺得這位講師為我們帶來很多的光芒。

那天的廚藝交流很精彩,每一位顧問都讓我留下深刻的印象。也很清楚記得伶仔那天帶來的蛋糕教學,簡單、輕鬆、不複雜,但是戚風蛋糕卻是那樣的驚豔,讓我烙印在心裡。有人說,味道是騙不了人的,那或許是我吃過最好吃的戚風蛋糕了。

去年得知,她正在籌備一本新書企畫,上次見到她的時候也主動關心進度,因為這也是為廚藝書籍市場注入一股新的力量,也慶幸自己比讀者更早拜讀這本新作。

每一篇食譜確實都讓人心動,我想,不僅僅是打開味蕾的悸動而已,而是有讓人想為家人製作安心、安全又美味的美食料理。

涵蓋了中餐料理與烘焙經典食譜,我相信這也是伶仔畢生的精髓,也是愛好料理人士最大的福音。

工欲善其事必先利其器,最好的食譜搭配最好的朋友——美善品食物調理機,一定可以在廚房這個空間裡,享受味覺最棒的旅行!

期待這本神作般的食譜問世,我相信您也會跟我一樣啟發更多的味覺悸動!

推薦您～

安德尼斯烘焙坊經營者兼麵包師　Katsumi Wu.

很開心有這個機會為伶仔寫推薦序，我是一名工程師、烘焙師，人稱「烘焙工程獅」。

雖然美善品設備的網路資源文章相當豐富，但是透過這本書，可以讓更多人輕鬆掌握它，拜讀完這本大作，可以找到很多廚房裡的創意。

一台好用的工具，需要好的介紹人，有一次我在設計用美善品做甜點，設計食譜時伶仔可以知道我想做什麼直接給我攪拌速度及時間，我只能說太神了！用「得心應用」都無法形容她的厲害。

會買這樣設備的人，其實都是為了家人健康為出發點，無油煙也照顧到烹煮人的肺部健康問題，結合健康餐盤及飲食控制，其實它真的是一台健康神器，歡迎想學習低GI飲食、健康管理的朋友們，快來找伶仔學習，一起照顧好自己及家人的健康。

如果你跟我一樣對烘焙或料理深深著迷，這絕對是一本不能錯過而且超級實用的家庭料理書！

伶仔對美善品多功能料理機的熟悉和專業，讓整個烹飪過程輕鬆又有趣。

她用魔法讓烘焙變得更簡單省時，還能做出超美味的點心，讓廚房變成人人都能獲得滿滿成就感的場域！

她的烹飪智慧不僅滿足了家庭日常所需，同時也為烘焙愛好者打開了新的廚藝世界。更窩心的是，這書不只是教你烹飪，我還感受到充滿愛的教學，或許是伶仔同時身為媽媽的角色，在很多點心的篇章中都發現可以與親子同樂的影子。

《心伶美廚美善品研究室》是一本不管是料理新手還是老手都會喜歡的實用料理書，緊緊地將美食與家庭幸福完美交融。

杜佳穎 老師

　　做菜就像表演藝術，將華麗、多元的面相傳達出來。

　　美味料理是多麼崇高目標，寶寶師認為美食就是一場Fashion show，美味的料理肯定要走在時尚前端，伶仔不管是傳統，創新，甜點料理更要把握住「味型、經典搭料、靈魂」，這樣就可以將料理做到極致。

　　美味料理書的誕生，就像媽媽懷胎十月這麼用心呵護才有最經典的呈現，一步一腳印的將幾十年磨一劍，料理無捷徑都是需要經驗累積，才能將每道料理詮釋完美。

　　很開心此書集結許多日常生活菜系，將最好美味呈現給大家，推薦給您。

客家國宴主廚 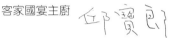

　　如果你也擁有美善品，在翻閱原廠食譜的時候，會發現選擇豐富，但口味或菜系好像都不是平常習慣。所以當知道伶仔老師出書，集結她多年料理教學經驗，家常美味有口皆碑的菜色，盡數收錄在這本書中，真心覺得這是美善品料理者的喜訊呀！

　　當眼前的佳餚冒著溫暖香氣，你會發現原來下廚最療癒的是自己，搭配高科技簡化許多廚房工作，讓做菜更多興趣和享受。

　　期待這本食譜，可以讓你和美善品更有默契，讓你在廚藝世界樂在其中，一年四季日日三餐的創造美味生活。

　　想要輕鬆優雅上菜，打開這本食譜就對了！

　　家裡最有溫度的地方是廚房，最能拉近一家人的莫過一桌熱騰騰的飯菜香。

　　伶仔的這本食譜，讓煮飯變得輕鬆簡單，裡面的菜色，每一道都好適合今天的晚餐，點心更是讓人躍躍欲試，自用送禮倆相宜。

　　充滿媽媽的味道，有愛的料理與點心，適合所有愛家的人收藏的一本好食譜，推薦給大家。

美姬饅頭創辦人

　　對於許多家庭主婦（夫）及職場男女來說，準備每日的三餐，或許都是很大的挑戰。一個是時間，再者是自己的烹飪能力。我自己是職業婦女，也是烹飪老師，對於這些煩惱我都從伶伃的料理過程中，獲得解套。

　　和伶伃認識多年，她一直致力推動可以簡單並讓人在廚房得以優雅料理。可以只用一個鍋就把主食、海鮮肉類、蔬食、湯類甜點都準備好。也讓家中有孩子的家長，有一個安全的工具可以跟孩子們一起下廚。

　　這本書的內容對許多擔心自己廚藝不佳的人，是顆定心丸。對那些會煮飯但是煮到沒有想法的人，是參考書。期待買這本書的人，都能跟著伶伃，把家裡的餐桌故事，變豐盛且幸福。

林家岑 老師

　　嗨嗨嗨！我是老甜媽天然手工造型饅頭創辦人--王甜芳，我是一個用心為孩子做料理，進而全身心投入天然食材造型包子饅頭的媽媽，同樣是三寶媽的身份，想必都喜歡自己親手用料理用愛為孩子打造一整桌的料理，當孩子開心的和我說最喜歡吃媽媽做的料理的時候，我就贏得了全世界！

　　這一本書「美善品研究室」我期待已久，充滿媽媽的愛，傳遞著滿滿的幸福，感覺伶伃老師就在我身邊親聲細語地說：這裡該怎麼做，那裡該怎麼做呢～美善品真的是一台很棒的多功能調理機，無油無煙守護一家人的健康，搭配上伶伃老師的食譜，溫暖餐桌上每一位家人的心。

2023.11.24

每個人的家裡，都有一台美善品！

我最常被問的問題是：為何讀到教育碩士了，卻毅然決然辭職改開料理教室？

我覺得應該是先問：一位曾經零廚藝的人到開料理教室這之間，發生了什麼事？

答案就是：一台多功能料理機！

從挑不出好外食，到「挑食」自由

「老公，我的飯糰不要糯米，不要菜脯，然後花生粉要多，不可以有香菜！」從客廳傳來我的叮嚀，正準備出門的先生深呼吸，想著等等要用什麼勇氣來跟早餐店點這「客製化」料理！以前，對先生來說，每到吃飯時間，就是一種大冒險。

說起過去的「挑食」，我雖然不會煮，但是很會「吃」，對於味道有屬於自己的堅持，可是往往苦了旁人。猶記得結婚前一天，我媽媽還拍拍先生的肩膀，語重心長地交代：「你知道伶仔不會作菜吧？」

一直到生了孩子，我的廚藝也僅止於作副食品，我準備給孩子的食物多半汆燙、蒸、水煮，但隨著三寶出生，我一邊要準備副食品，一邊要開始準備人類食物，我發現要兼顧健康與美味，怎麼這麼困難？也就在這時，朋友推薦我美善品多功能料理機。

一開始我只用來做baby food，一鍋到底完成副食品，解放了我的雙手與時間，讓我開始去研究食譜，當時我都找食材五樣內，做法五步驟內的來做，累積信心，從前看一般食譜書感覺像看天書，零廚藝的我從挑選食材到決定份量，還有判斷烹煮時間。所以當食材跟烹煮時間有標準值時，讓烹飪變得更容易上手，隨著成功機率越來越高，我也越來越有信心嘗試不同料理。

零廚藝到料理教室人生大轉彎

　　因為作出了許多從前做不出來的美食，我開心地跟媽友們分享，也邀請朋友到家中一起做孩子要吃的麵包、點心，大家都是新手媽媽，育兒路上，找到同伴跟成就感，讓我覺得很感動！

　　育嬰假結束後，我回到教職，忙碌的工作讓我好想念好好做飯給家人吃的日子。我思考良久，決定離職，回到家人身邊。

　　這真的是我人生很大的轉捩點，我才知道原來我是真心喜歡料理的！

　　從前以為自己就是不會煮，但有了美善品後，打開了我的烹飪、烘培視野。
　　我思考著，是不是也有很多人跟我一樣，只要用對工具找對老師，也會深深愛上料理。於是，我創立了心伶美廚料理教室，希望更多想學料理的朋友，都可以很輕鬆的進入料理的世界，感受料理的美好。

　　深深覺得雖然我辭去了國小老師的工作，但我從沒有脫離老師的角色，只是對象從教學生擴大到教和我一樣愛家愛小孩愛健康的父母或長輩！

　　這本書有我的獨門好吃重點、圖片與影片教學，用健康的概念，來設計食譜，讓功夫菜變簡單，讓簡單菜變有趣，希望這本書讓大家做料理時更輕鬆，飲食更自由。不僅讓我們有更多時間與家人相處，享受美好家庭氛圍，創造每個家的無菜單料理，在每個人的腦海裡留下家的味道，希望你們會喜歡。

顏伶伶

目錄 CONTENTS

簡單菜 看來就像請客菜！

chapter 1 好方便 飽腹主食

chapter 2 好滿足 牛豬雞魚鮮

chapter 3　好鮮脆 蔬菜蛋豆腐

chapter 4　好暖心 營養湯品

特別收錄　好搭花生醬

療癒烘焙 重點把握不費工

chapter 1　好幸福 親子甜點

chapter 2　好得意 入門烘焙

chapter 3　好療癒 爆款點心

chapter 4　好芋兆 芋頭控看過來

為什麼是——美善品多功能料理機？

本書為作者基於使用經驗獨立撰寫，不代表福維克(Vorwerk)集團及關係企業立場。

　　幾年前我開始認識美善品，她有個可愛的俗稱叫「小美機」，因為來自德國，也有人叫她「德國媳婦」。她集合了電鍋、電磁爐、果汁機、優格機、攪拌器等20餘種家電，喜歡上她的人幾乎都離不開這個廚房好幫手！

　　簡單地說，小美能夠煮飯、炒菜、燉湯、做烘焙點心、調製飲品，還有寶寶輔食都難不倒它，甚至可以一鍋多菜，一次多功的做出各式各樣變化，家中只需要一台小美，就可以省下其他家電的金錢和空間。

小美好會之基本功

小美功能模式很多，感覺好像很難，其實只要熟悉三個要點：時間、溫度、速度，就可以輕易做出不同變化。

基本功1 好會切

炒菜不用擔心手指沾染蒜頭味，因為只要設定3秒/🔄/速度5，再用筷子將蒜頭皮挑出，就可以馬上輕鬆優雅地炒菜！

基本功2 跑活水

帶骨肉塊放入網鍋再置入主鍋，我們現在開始前置處理「跑活水」，加水加到淹過食材，設定20-30分/50℃/速度4。再取出食材用清水洗淨，骨頭中的雜質就通通去除了，不但燉煮時不用撈浮沫，還可以品嚐到鮮嫩的肉和清甜的湯喔！

基本功3 好會煮

小美有個溫度選項Varoma又叫「蒸煮鍵」，顧名思義就是能產生較多蒸汽用來蒸煮食物，或是蒸發掉食材的水分，進而帶出食物的香氣，用途很廣，爆香、收汁、蒸煮、一鍋多菜的溫度只要交給它就穩妥啦！

基本功4 好會炒

多功能調理機當然也能炒菜！只要開啟【反轉鍵🔄】＋【速度🥄】就不用擔心食材被切碎，而四片不同高度的刀刃緩慢的轉動，就像是模擬食材在鍋中被翻炒的樣子，真的超級厲害。

基本功5 好會打發

烘焙很多人一想就頭大，覺得麻煩，其實需要將蛋白或鮮奶油打發至不同的程度這件事交給小美，使用配件「蝴蝶棒」，設定速度3.5，不論是軟性或硬性發泡都輕而易舉完成，不用手持攪拌器拿到手痠，成功率大大提升。

Chinese foods

簡單菜 看來就像請客菜！

所有料理就能自動烹煮完成，那該多好啊！
如果能夠優雅的備好材料，

 你想好好規畫家人的一餐？

能從容不迫的備菜煮食，還能兼顧家人口味與健康，這大概是全天下媽媽們在廚房裡的理想生活吧！剛好小美的層疊式烹煮就可以完成「一鍋多菜」的美夢，一鍋多菜不僅省時省力，還能夠達到「節能」效果，也就是幫你省時又省錢啦！

小美一鍋多菜，一鍋一次就完成！

我們設計時可以主鍋、網鍋、蒸鍋、蒸盤全上，就可以有飯有菜。烹煮要訣是易熟的放上層，如果先蒸好了，可以先按下銀色旋鈕暫停，小心取下蒸鍋，注意喔～打開蒸鍋蓋時，開口朝外打開以免蒸氣撲向自己，將蒸熟的料理取出，再繼續烹煮剩下的部分。

在烹煮時，每500克的水可以蒸煮30分鐘。設計上我們建議「主鍋煮雞湯×蒸鍋蒸炊飯×蒸盤蒸魚」，也可以「網鍋煮白米飯×蒸鍋蒸肉×蒸盤蒸綜合蔬菜」，煮完的煮米水還可以做羹湯喔，天然的最好，是不是完全不浪費呢！（可以依自己喜好替換食材，舉一反三做出更多好料。）

清湯最優，其次為燉品

可用來蒸白米飯或南瓜、番薯、芋頭等根莖類耐久蒸的塊狀食材。使用網鍋時，主鍋建議單純煮水即可，以免混味。

可放入耐蒸蔬菜（青花菜、玉米、菇類）、蒸蛋、炊飯、蒸肉等，可以想像就是傳統蒸鍋的概念。

底部較平，蒸氣最上方，可以蒸易熟食材，例如魚排、海鮮、不耐久蒸的蔬菜（甜椒、葉菜）、豆腐等。

Chapter 1

好方便
飽腹主食

白菜炒年糕 ◆操作時間：10分鐘 ◆烹調時間：25分鐘

是一道簡單、但口味非常豐富的快手飽腹料理，
絕對值得讓忙碌的你列入口袋名單的收藏食譜喔！

🥄 食材

A 油15克、新鮮香菇3朵、蔥
30克、蝦米10克、紅蘿蔔(去
皮)30克、大白菜300克、豬
肉絲100克、寧波年糕(圓片
狀)430克

B 糖¼茶匙、醬油1大匙、鹽¼
茶匙、白胡椒粉¼茶匙、水
100克

🍶 做法

1. 將新鮮香菇切絲；蔥切段；紅蘿蔔切絲；大白菜切塊，大白菜梗的部分可以切
   粗絲。

2. 將油、新鮮香菇絲、蔥段、蝦米和紅蘿蔔絲放入主鍋，設5分/Varoma/速度🥄
   爆香，啟動後再從量杯孔放入豬肉絲。

   TIP▶▶按食譜食材順序放置，豬肉絲就不會黏鍋，材料也能充分爆香釋放香
   氣。

3. 加入大白菜、食材B，設4分/100℃/速度🥄拌炒。

4. 最後加入寧波年糕，設5分/100℃/🔄/速度🥄拌炒，完成後即可上桌。

伶仔老師貼心 POINT

● 舉一反三，同樣做法多加入韓式泡菜，年糕部分改用韓式年糕，就是韓式泡菜炒
  年糕，變換口味就是這麼簡單。

萬用炒米粉　◆操作時間：20分鐘　◆烹調時間：25分鐘

炒米粉是台灣家庭常見的菜色，用刀片炒米粉如何不斷裂呢？
只要學選對材料，掌握小要訣，用小美做出好吃的炒米粉超簡單！

🍲 食材

A 油30克、蝦米20克、乾香菇6朵、紅蘿蔔(去皮)100克、新鮮黑木耳30克、豬肉絲100克、高麗菜250克、炊粉250克、水300克

B 醬油膏或蠔油50克、鹽½茶匙、白胡椒粉2小撮

C 烏醋10克、芹菜30克

🍚 做法

1. 蝦米、乾香菇、炊粉用清水沖淨；香菇待5～10分鐘軟化後切粗絲；炊粉變Q後剪兩刀變三段；紅蘿蔔、黑木耳切細絲；高麗菜切3公分粗絲；芹菜切末備用。
   TIP▶▶ 蝦米、乾香菇、炊粉通通不需要浸泡，這樣煮的口感香氣剛剛好。

2. 主鍋中加入油和蝦米、香菇絲、紅蘿蔔絲、黑木耳絲，設**3分/Varoma/速度1**爆香，啟動後，再從量杯口加入豬肉絲拌炒。
   TIP▶▶ 啟動後再加入豬肉絲不容易沾黏在刀組上。

3. 加入高麗菜和食材B，設**7分/Varoma /↩/速度1**拌炒。

4. 加入炊粉和水，設**7分/Varoma/↩/速度1**拌炒。

5. 加入食材C，設**1分/Varoma/↩/速度1**烹煮，盛入盤中即可熱騰騰上桌。此時可再用筷子翻攪讓米粉上色，看起來更可口唷！

伶仔老師貼心 Point

- 市售有米粉、炊粉和水粉，這次我選擇炊粉，沖洗後吸收水分很快就會變Q，食譜中的水量亦可依炊粉的吸水性或喜好調整乾濕度，沒有必需固定。

- 通常米粉是指100%純米製造，口感較軟也較易斷。炊粉用蒸煮法製成，水粉則水煮製成，兩者米占成分50%以下，剩下以玉米澱粉、馬鈴薯澱粉等增加口感，所以較Q，三種提供大家選擇。

- 影片中是南瓜炒米粉，可依各人喜好決定材料版本。

麻油雞麵線

◆ 操作時間：10分鐘 ◆ 烹調時間：1小時
◆ 準備器材：網鍋

薑片與黑麻油經高溫爆炒時，常因溫度太高變苦且上火，
小美的低溫烹煮控制在120℃以下，不但能保留香氣，還能保留營養。

食材

A 帶皮帶骨雞腿肉600克、老薑片 80
克、黑麻油30克、米酒350克、水
200克

B 麵線75克(一把)

做法

1. 帶皮帶骨雞腿肉剁約4公分塊狀後，跑活水清洗，備用。
2. 將老薑片和黑麻油放入主鍋，設5分/100℃/**速度1**爆香。
3. 加入雞腿塊，不需蓋上量杯，設5分/ Varoma /↻/**速度1**拌炒。
4. 加入米酒和水，不需蓋上量杯，設15分/100℃/**速度**🥄烹煮。
5. 加入麵線，以2分/100℃/↻/**速度**🥄烹煮，香噴噴的麻油雞就完成囉！

● 跑活水教學影片

伶仔老師貼心 POINT

● 一般我們對於生鮮肉類在煮前都會先汆燙一遍，以免煮湯時產生很多泡
泡渣渣，小美有個厲害的「跑活水」，讓跑完活水的肉塊粉嫩鮮甜，也
沒有髒污喔！

● 小美跑活水技巧將帶骨雞腿塊，放入網鍋中，再放入主鍋，加蓋過雞腿
塊的水量，設20～30分/50℃/**速度4**，完成後倒掉髒水，再用清水將
肉塊沖洗乾淨即可。除了雞肉外，也適用任何帶骨的肉類，海鮮魚肉也
行喔！

一鍋到底麻油雞飯　◆操作時間：15分鐘　◆烹調時間：1小時

冬天寒冷就是要吃暖心的麻油雞飯！

食材

A 長糯米300克、去骨雞腿肉塊400克、黑麻油30克、乾香菇4~6朵、老薑片30克、水320克、當歸1小片、枸杞1大匙、米酒100克

B 醬油1大匙、鹽1茶匙、白胡椒粉少許

C 蔥3支、香油少許

做法

1. 長糯米放入網鍋中，以冷水泡2小時，瀝乾；乾香菇用水沖洗後靜置5分鐘，再切粗絲；當歸和枸杞先泡到米酒裡，備用。

   TIP▶▶沖洗香菇而不浸泡，能香味保留更多，口感也較Q。

2. 裝有長糯米的網鍋放入主鍋，加入熱水500克，設15分/Varoma/速度1烹煮。倒入鍋中燜，清空主鍋。

3. 黑麻油、乾香菇絲和老薑片放入主鍋，不需蓋上量杯，設10分/100℃/速度1爆香。

4. 加入雞腿肉塊和食材B，不需蓋上量杯，設5分/Varoma/⟲/速度1.5拌炒。

5. 加入做法1的米酒和當歸，設10分/100℃/⟲/速度1拌炒。

6. 加入蒸好的糯米飯拌勻後放入蒸鍋，加入熱水，設10分/Varoma/速度1，最後1分鐘拌入枸杞，就完成囉！

伶仔老師貼心 POINT

- 我喜歡長糯米的口感，我的做法是先蒸再拌，口感Q彈不會軟爛。
- 選用去骨雞腿肉料理，是因為和米飯一起吃時，不用再挑出骨頭，影響口感，老人小人都適合。
- 當歸小小一片即能讓整鍋飯香到不行喔！

松露野菇義大利麵
◆操作時間：20分鐘 ◆烹調時間：35分鐘

這是一道我自己很喜歡的飽腹美食，重點是不用換鍋洗鍋，
一鍋到底就能完成快速餵飽大家耶！

🫑 食材
A 橄欖油20克、蒜頭20克、紅蔥頭20克、奶油25克、培根50克、洋蔥1顆、熱水650克、海鹽1茶匙、橄欖油50克、義大利乾麵條250克

B 綜合菇類(約三種)共400克、綜合蔬菜(例如青花菜、甜椒)少許、鮮奶油60克、黑松露醬(松露含量10%)2大匙

C 起司粉、現磨黑胡椒粉適量、新鮮巴西里1小把

🫕 做法
1. 將培根和洋蔥切條；綜合野菇撥開，太大的菇類切半或切開。
2. 主鍋中加入橄欖油、蒜頭、紅蔥頭，設3秒/**速度5**打碎，用刮刀棒將鍋壁的食材刮到主鍋底部。
3. 加入奶油、培根和洋蔥，設3分/120℃/**速度1**爆香，再加入熱水、橄欖油和海鹽，設2分/100℃/**速度1**煮滾。
4. 從主鍋蓋的洞口直接插入麵條，時間設定為**包裝建議烹煮時間再加2~3分鐘**/Varoma/🔄/**速度1**烹煮。
5. 剩下6分鐘，開始加入食材B。先加入耐煮的蔬菜，例如青花菜，剩下4分鐘再加入易熟的蔬菜，例如菇類、甜椒，剩最後1分鐘倒入鮮奶油和松露醬。
6. 夾出義大利麵盛盤，撒上食材C，製作簡單的高級美味就完成了！

伶仔老師貼心 POINT
- 煮一鍋到底的義大利麵祕訣就是**水是麵的2.5倍**，食譜中約3人份。如果要製作較少份量，只要掌握「一鍋到底義大利麵的水：麵之比例為2.5：1」，記住比例就可隨心所欲烹煮義麵，輕鬆調整份量囉！
- 有獨特迷人氣味的松露，是一種真菌，如果你擁有新鮮黑松露，可在料理結束前刨片加入一起烹煮，能使黑松露的香氣更突出。

九層塔肉絲拌炒飯

◆ 操作時間：10分鐘　◆ 烹調時間：40分鐘
◆ 準備器材：網鍋、有蓋子的大碗公(或飯鍋)

「萬用拌炒飯」可以吃到炒飯口感卻沒有炒飯的負擔，拌炒飯就是把飯煮好，
再與炒好的材料拌合，非常適合想快速上菜又兼顧營養的煮婦們～怎麼做到的呢？
快跟著伶仔老師一起煮飯吧！

伶仔老師貼心 POINT

- 醃肉的調味順序一定要先糖和醬油，最後才是香油，先讓肉絲吃進去甜鹹香，一旦裹上香油後，肉絲就吃不進去調味料囉！

- 煮白米飯留下來的煮米水不用浪費，可以做成各種酸辣、羹湯、濃湯的湯底，不需要額外勾芡，能做到物盡其用，真好呢！

- 這種萬用拌飯的方法也可適用其他不同的濕性炒料，例如韓式石鍋拌飯、泡菜豬肉拌飯、家常炒飯。

食材

A 米300克、水1000克

B 紅蘿蔔(去皮)150克、新鮮香菇40
克、油20克、冷凍熟毛豆仁20克

C 豬肉絲150克、糖½茶匙、醬油½茶
匙、太白粉¼茶匙、香油½茶匙

D 鹽¼茶匙、醬油1大匙、九層塔葉35
克、香油少許

做法

1. 將網鍋放在主鍋蓋上,開啟【秤重模式】,先歸零再秤出300克米,直接在水龍頭下洗淨瀝乾,再將網鍋連同米一起放回主鍋內,加入1000克的水,蓋上主鍋蓋,設18分/ Varoma /速度4。

   TIP▶▶ 可以利用這段時間,將食材C全部混和醃好備用;新鮮香菇切丁備用。

2. 飯煮好,用刮刀棒將網鍋取出倒扣在大碗公內,用刮刀棒將飯拌勻,蓋上蓋子燜約10分鐘。接著繼續準備下面的步驟。

3. 清空主鍋。將去皮紅蘿蔔放入主鍋,設5秒/速度5切碎,用刮刀棒將鍋壁的食材刮到主鍋底部。

4. 加入油、香菇丁,設5分/Varoma/⟲/速度1爆香,啟動後再從量杯口加入醃好的肉絲。

5. 加入毛豆仁、食材D(香油除外),設3分/ Varoma /⟲/速度✔拌炒。

6. 最後將主鍋裡全部炒料倒入裝有飯的大碗公內,淋上香油輕輕拌勻,就是美味的九層塔肉絲拌炒飯囉!

美善品18分鐘就可以快速將生米煮成熟飯,而且是好吃的「減醣米飯」,這種煮濾蒸方式烹煮,相較一般電鍋的米飯攝取較少的澱粉質喔!

香鬆野菇炊飯

◆ 操作時間：25分鐘　◆ 烹調時間：1小時20分鐘
◆ 準備器材：烘焙紙、蒸鍋組

「炊飯」就是蒸煮飯的意思，利用小美的主鍋烹調醬汁和炒白米，再以蒸鍋蒸熟，
一鍋有菜有飯，還能自行創造出好多炊飯的變化味化呢！

🫑 食材

A 油10克、去骨雞腿肉300克、紅蘿蔔(去皮)50克、洋蔥50克、綜合菇類100克、四季豆50克、白米200克、蒸煮用水600克、香鬆適量

B 日式醬油20克、味醂10克、高湯150克(或用水+½茶匙的鰹魚粉代替)

🍳 做法

1. 將去骨雞腿肉切塊；紅蘿蔔、洋蔥、綜合菇類切絲；四季豆切1公分丁狀；白米洗淨瀝乾。

2. 加入油和雞腿肉塊，設5分/Varoma/🔄/速度1爆炒。

3. 加入做法1的綜合蔬菜絲，設5分/100℃/🔄/速度1拌炒。

4. 加入四季豆、白米和食材B，設5分/100℃/🔄/速度1烹煮。

   TIP▶▶白米和醬汁一起拌炒，既能吸收醬汁也能縮減蒸煮時間。

5. 結束取出拌炒好的材料，全部放入舖有烘焙紙的蒸盤裡，再將蒸盤放上蒸鍋，蓋上蒸鍋蓋。

   TIP▶▶使用烘焙紙時要留取蒸盤兩側的出氣孔，蒸氣才能充分跑上來喔！

6. 將蒸煮用水放入主鍋，架上蒸鍋組，設35分/Varoma/速度1蒸煮完成即可盛盤，上桌前撒上香鬆就可以囉！

伶伃老師貼心 POINT

【延伸料理—油飯】

● 利用層疊的方式烹煮炊飯，一樣技巧也可以應用在「油飯」的概念裡喔！

食材：長糯米300克(浸泡2小時)、油40克、麻油10克、香菇絲30克、浸過米酒的蝦米10克、泡發的乾魷魚絲25克、豬肉絲100克、醬油50克、冰糖1茶匙、鹽少許

做法：

1. 將油、麻油、香菇絲、蝦米、乾魷魚絲，設定5分/Varoma/速度🥄。

2. 先加入豬肉絲，再設定5分/100℃/🔄/速度🥄拌炒，再加入醬油、冰糖、鹽和長糯米，設定5分/100℃/🔄/速度1烹煮。

3. 取出放入舖有烘焙紙的蒸盤裡，蒸煮30分/Varoma/速度1，油飯就完成囉！

上海菜肉水餃

◆操作時間：40分鐘　◆烹調時間：1小時10分鐘
◆準備器材：網鍋、刀組隔板

想到要做水餃就頭大，尤其餡料需要切切切就手痠。
現在有小美，幾秒鐘就把材料都切完了，
連煮水餃都交給小美，真的太方便了！

伶仔老師貼心 POINT

● 鹽巴可幫助蔬菜脫水，所以高麗菜
加一點鹽等幾分鐘就會釋出水分，
壓乾後再與肉調成內餡，煮出來的
水餃內餡就會比較扎實，不會水水
拋拋的喔！(其他蔬菜餡口味也一
樣操作，例如瓠瓜水餃、白菜水餃
等。)

如果用刀組
隔板，可直
接將主鍋內
的水餃倒入
網鍋過濾水
分。

🫑 食材

A 韭菜100克、高麗菜300克、豬絞肉300克、純芝麻油20克、蔥花20克、水餃皮30張

B 米酒1大匙、水2大匙、白胡椒粉½茶匙、鹽½茶匙、糖1茶匙、醬油1茶匙

C 煮水餃用水1500克

🍳 做法

1. 韭菜切碎;高麗菜切大塊放入主鍋,設**5秒/速度4.5**切碎,將韭菜花和高麗菜都倒入網鍋,加一點鹽混合等幾分鐘,利用刮刀棒將水分壓乾備用。

2. 在主鍋中加入食材B和豬絞肉,設**揉麵鍵**✤/**2分**混合。

3. 加入純芝麻油、蔥花、做法1韭菜高麗菜,設**30秒/速度3**混合,倒入碗中,放入冰箱冷藏30分鐘。
   TIP▶▶ 冷藏可以幫助餡料緊實且入味,包水餃時較不易散開。

4. 取1張水餃皮,包入20克左右的肉餡,捏合。重覆此動作完成30個,可以立即烹煮或放入冰箱冷凍。

5. 先將網鍋或刀組隔板置入主鍋中,加入1500克的水,設**20分**/Varoma/🔄/**速度**🥄。
   TIP▶▶ 水餃量少可以用網鍋,量多需使用刀組隔板。

6. 看到水大滾冒大泡時,設**20分**/Varoma/🔄/**速度**🥄, 從量杯口投入水餃20~30顆,不需蓋上量杯蓋。
   TIP▶▶ 看水餃大小決定投放數量,冷凍水餃煮的時間要再久一點。

7. 從量杯口看到水餃浮起來,再持續滾2分鐘,就可撈起水餃盛盤,準備享用了。

網鍋是非常實用的配件!如果是使用網鍋煮水餃,完成後用刮刀棒將網鍋提起,就可以瀝掉水分。

蘿蔔糕

◆操作時間：20分鐘 ◆1小時30分鐘
◆準備器材：蒸鍋、不沾烤模(直徑18公分)

快過年時，市場隨處可見的蘿蔔糕，自己做其實不難！
自己做的衛生又料好實在，還可隨意添加自己喜歡的材料變化，
自己家吃的好，拿來送禮都非常有面子呢！

食材

A 白蘿蔔(去皮)850克、紅蔥頭20克、
  乾香菇30克、蔥20克、蝦米20克、
  米酒1大匙、油30克、在來米粉300
  克、水600克
B 1茶匙鹽、½茶匙白胡椒粉、1茶匙糖
C 蒸煮用水1000克

做法

1. 將白蘿蔔切大塊，開啟【秤重模式】分別秤出150克和700克；乾香菇沖水靜置
   5分鐘變軟；蝦米先用米酒浸泡5分鐘瀝乾，備用。
2. 先將150克的白蘿蔔放入主鍋，設5秒/速度4切碎，取出放入大碗內備用。
   TIP▶▶這邊保留粗碎的白蘿蔔顆粒，比較有口感。
3. 再將700克白蘿蔔放入主鍋，設7秒/速度5切碎，取出放入碗內備用。
   TIP▶▶主要食材這邊的白蘿蔔切得比較細碎。
4. 將紅蔥頭、浸濕的香菇和蔥放入主鍋，設7秒/速度5切碎，用刮刀棒將鍋壁的食
   材刮到主鍋底部。
5. 加入蝦米和油，設5分/Varoma/速度1爆香。
6. 加入做法2和3白蘿蔔碎、在來米粉、食材B和600克水，設1分/速度2.5混合。
7. 接續設12分/70℃/速度2.5，充分糊化後蘿蔔糕糊會變得濃稠(詳見影片)，倒入
   不沾烤模具內，將蒸架和烤模一起放入蒸鍋內備用。此時清潔主鍋。
   TIP▶▶蒸鍋內放入蒸架才不會堵住蒸氣孔，也可使用蝴蝶棒當作蒸架使用。
8. 將食材C放入主鍋，架上做法7蒸鍋，設60分/Varoma/速度1蒸煮，取出待涼
   後切片食用即可。也可以香煎或加XO醬炒著吃，都非常好吃喔！

伶仔老師貼心 POINT

- 用在製作蘿蔔糕的模具，我們是選可以放入蒸鍋的不沾中空烤模，鋁製
  中空烤模比較快熟，如果沒有也可用一般8吋圓形蛋糕烤模，只是需要
  確認熟度調整蒸煮時間喔！
- 在做法4中多添加港式臘腸，就變身好吃的港式蘿蔔糕囉！
- 素食者可用芋頭取代紅蔥頭、蔥和蝦米，改做出美味的芋頭蘿蔔糕一樣
  香喔！

Chapter

2

好滿足
牛豬雞海鮮

五味醬蒸魚

◆ 操作時間：15分鐘 ◆ 烹調時間：20分鐘
◆ 準備器材：蒸架、蒸鍋組

「五味醬」必學！可用作沾醬，也可淋在海鮮上清蒸，非常提鮮下飯。
喜歡的朋友只要按比例增量做，放在消毒過乾淨的玻璃瓶中冷藏保存，隨時都能取用。

🫑 食材

A 蔥15克、薑20克、蒜頭30
克、辣椒10克、冰糖粉2大
匙、番茄醬100克、白醋40
克、醬油20克、香油1茶匙

B 紅鯛魚片200克、蒸煮用水
500克

🥫 做法

1. 蔥切小段、薑切小塊、蒜頭去皮、辣椒切小段；魚片排入盤子中，備用。

2. 將蔥、薑、蒜、辣椒放入主鍋，設**10秒/速度6**切碎，再用刮刀棒將材料刮至主鍋底。

3. 加入冰糖粉、番茄醬、白醋、醬油、香油，設**15秒/速度6**拌勻，直接倒在魚片上。將魚片放入蒸鍋內。

   TIP ▶▶ 蒸鍋內要放入蒸架，將盤子墊高，才能保持蒸氣暢通。

4. 在主鍋內加入蒸煮用水，架上蒸鍋組，設**15分/Varoma/速度1**蒸煮，完成即可享用。

伶仔老師貼心 POINT

● 海鮮很容易烹調，有時候不需要蒸煮太久，可視食材大小情況調整蒸煮時間，也可以將「魚片」替換成九孔、干貝、蝦子、花枝等其他海鮮都可以喔！

蒜香椒鹽蝦 ◆操作時間：20分鐘 ◆烹調時間 35分鐘

鹹香的椒鹽蝦真的超級涮嘴，煮好後紅艷艷的放在餐桌上非常喜氣，
超適合宴請朋友或家人團聚時烹煮，當成年菜也是很好的選擇，
是一道家常又有面子的請客菜喔！

食材

A 蒜頭40克、橄欖油20克、蔥2根、大白蝦300克、太白粉1大匙、大紅辣椒1根

B 鹽½茶匙、白胡椒粉1茶匙、黑胡椒粉1茶匙、花椒粉½茶匙、米酒1大匙

做法

1. 蔥分蔥綠和蔥白，分開切段；大紅辣椒切片；將食材B先在碗中拌勻，備用。

2. 大白蝦洗淨後用剪刀剪去鬚腳、開背、去腸泥，並且每隻蝦子均勻拍上一點太白粉。

   TIP▶▶ 蝦開背很簡單！用剪刀尖端從頭和第一節殼的中間刺進去，一路剪到最後剩一節，再用牙籤挑出腸泥就好囉！

3. 將蒜頭放入主鍋，設**5秒/速度5**切碎，再用刮刀棒將蒜頭刮至主鍋底。

4. 加入橄欖油和蔥白，設**3分/Varoma/速度** 爆香。

   TIP▶▶ 喜歡有辣度的朋友們可以在這步驟將辣椒片加入。

5. 打開主鍋蓋，均勻放入做法2大白蝦，設**4分/Varoma/⇆/速度1**拌炒。

6. 用筷子或夾子將大白蝦上下變換位置，再加入拌勻的食材B調味，設**4分/Varoma/⇆/速度1**拌炒。

   TIP▶▶ 調整白蝦的位置，也能讓調味料混合更均勻。

7. 時間剩最後1分鐘時，再加入蔥綠和辣椒片，盛入盤內即可享用。

伶仔老師貼心 POINT

- 雖然我怕辣，不過菜的配色我也很重視！教大家一個小祕訣，辣椒挑選大一點的比較沒有辣度，然後在料理的最後一步才加入大辣椒拌勻，主要為了配色，只取其香氣和色澤不取其辣度，就可以兼顧色香味俱全，怕辣的人也可以吃。

- 如果喜歡鑊氣的朋友，建議用Cookidoo®中油爆蝦的高溫模式來取代做法5來爆炒蝦子，蝦殼外脆內嫩別有一番風味。

左公雞

◆操作時間：15分鐘 ◆烹調時間：1小時
◆準備器材：氣炸烤箱或烤箱

左宗棠又稱左公，左公雞顧名思義就是「左宗棠雞」，
無骨雞腿肉簡單搭配酸辣醬汁就能完成，做法好容易，
口味酸甜中帶鹹，真的很下飯。

伶仔老師貼心 POINT

- 如果沒有氣炸烤箱，使用一般烤箱也是可以的，只要記得一開始要先預熱到200℃再放入食材喔！

- 左宗棠醬汁可以運用在很多菜色上，海鮮、白肉魚、蝦也都很適合，學一道變N道，好棒喔！

食材

A 去骨雞腿肉塊600克（切約3公分）、油20克、蒜頭30克

B 醬油膏25克、味醂20克、玉米粉2大匙

C 米酒15克、白醋40克、醬油膏50克、番茄醬30克、糖5克、太白粉½茶匙

D 蔥30克、辣椒1根(切段)

做法

1. 先準備一個大碗放在美善品的主鍋蓋上，開啟【秤重模式】，將去骨雞腿塊與食材B放入碗內——秤重，混合拌勻後靜置醃約15分鐘。

2. 將醃漬好的雞腿塊放入鋪有烘焙紙的烤盤中，放入氣炸烤箱以200℃烘烤15分鐘(至全熟) 且表面呈金黃色，取出備用。

3. 將油、蒜頭放入主鍋，設5分/120℃/**速度**爆香。

4. 加入食材C，設3分/Varoma/**速度**1烹煮，最後30秒加入蔥段與辣椒段混合，即為左宗棠醬汁。

   TIP▶▶辛香料最後加入可保持香氣和漂亮的顏色，也不會過辣。

5. 烤好的雞腿塊，均勻淋上調勻的左宗棠醬汁，趁熱享用。

使用氣炸烤箱可以節省預熱時間，也能避免油炸的油煙味和油膩，是廚房好幫手。

香嫩多汁桶仔雞

◆ 操作時間：30分鐘
◆ 烹調時間：1小時30分鐘

小美做桶仔雞在烘雞的時間裡，順便蒸煮蔬菜只是基本，還能同步下個麵線，
拌入烘完的雞汁精華，一鍋多菜，天啊！簡單省時便利，重點是太美味了！

🍗 食材

A 全雞約1.5～2斤(900-1200克)、薑片30克、蔥30克、鹽巴一大把

B 黑麻油1大匙、蔥段50克、薑片70克、紹興酒2大匙

C 綜合蔬菜(玉米筍半盒、青江菜1把、鴻喜菇半包)、麵線

🍲 做法

1. 將食材A的雞洗淨，以紙巾擦乾，將鹽巴均勻抹在雞身上，蔥綁成一束與薑片一起塞進雞的身體裡，放入夾鏈袋中擠出空氣包好，稍微搓揉袋子讓鹽巴更均勻，放入冰箱冷藏醃漬至少3小時。
   TIP▶▶ 雞翅膀的下方也要抹到鹽巴，醃漬時間若過夜風味更佳。

2. 主鍋放入食材B的黑麻油、蔥段、薑片、紹興酒，將醃好的雞架起兩邊的雞翅，平穩的放在主鍋中架好，設35分/Varoma/🔄/速度🥄烹煮。
   TIP▶▶ 確認雞在主鍋內隨著刀組順順的旋轉就沒問題！

3. 此時，食材C放入蒸鍋中，架在主鍋上與做法2一起煮。

4. 再設25分/100℃/🔄/速度🥄繼續烹煮。時間到後，續燜5～10分鐘即可取出上桌。
   TIP▶▶ 確認雞在主鍋內隨著刀組順順的旋轉就沒問題！

5. 主鍋內的精華雞汁可以拿來拌麵線，一鍋有菜有肉有主食非常豐盛。

伶仔老師貼心 POINT

- 確認雞有沒有熟，可用食品溫度計插入肉最厚的地方，溫度應達74℃以上即可。沒有溫度計則可用筷子插入測試，若可以輕易插入且不再流出血水就表示熟了喔！

- 取出桶仔雞有撇步，我們用兩隻筷子插住二邊雞翅，就可以把整隻雞拎起來了。

噴香滷雞翅

◆ 操作時間：15分鐘　◆ 烹調時間：30分鐘
◆ 準備器材：蝴蝶棒

這也是超級省時的快手菜之一！
蔥薑蒜和醬油的組合就是台菜的媽媽味，這樣的滷汁聞了就餓了，快開動吧！

🥄 食材

油1大匙、蒜頭25克、薑片25克、二砂糖20克、醬油100～130克(依醬油鹹度調整)、二節雞翅10隻、蔥1把、八角5顆、麥芽糖1大匙、匈牙利紅椒粉1茶匙

🥘 做法

1. 將蔥分蔥綠、蔥白分別切段；雞翅切兩段。
2. 將油、蒜頭、薑片、蔥白和匈牙利紅椒粉放入主鍋，設3分/Varoma/速度1爆香。
3. 再加入二砂糖、醬油，設3分/Varoma/速度1烹煮。
4. 插入蝴蝶棒，加入切好的雞翅，設5分/Varoma/↩/速度◢ 烹煮。
   TIP▶▶ 雞翅平均分配在蝴蝶棒的兩端，蝴蝶棒就能穩穩地轉動了。
5. 用筷子將雞翅上下互換位置以幫助均勻上色和入味，再加入蔥、八角、麥芽糖，設10分/Varoma/↩/速度◢烹煮，完成即可享用。

伶仔老師貼心 POINT

- 如果家裡沒有麥芽糖怎麼辦？建議可以直接用蜂蜜1:1代替喔！
- 如果買到三節翅，在最上端的小雞腿需要和二節翅分開，滷的時間需要延長5分鐘喔！

麻油枸杞松阪豬

◆ 操作時間：20分鐘　◆ 烹調時間：35分鐘

這一道料理很適合冬天吃，麻油和松阪豬的配搭會讓你感受到滿滿的溫暖，
重點是非常簡單快速，美味不用等！

食材

A 松阪豬400克、黑麻油30
克、老薑片80克、杏鮑菇80
克、蒜苗30克、枸杞1大匙

B 米酒40克、水100克、醬油1
茶匙、白胡椒粉適量

做法

1. 松阪豬切薄片，加醬油、白胡椒粉醃10分鐘；杏鮑菇和蒜苗也切薄片；枸杞浸
泡米酒中，備用。

2. 在主鍋中加入黑麻油和老薑片，設5分/Varoma/速度🥄爆香。

3. 加入松阪豬肉片，設5分/Varoma/🔄/速度1爆香。
   TIP ▶▶ 松阪豬要先煎過，釋放出油脂才會散發出香氣。

4. 加入杏鮑菇片和食材B(瀝出枸杞，加入米酒就好)，設5分/Varoma/反轉🔄/速
度1爆香。

5. 最後1分鐘加入蒜苗和枸杞增色就完成囉！

伶仔老師貼心 POINT

● 松阪豬就是豬頸肉，這部位油脂分布均勻，切成薄片吃非常脆口帶甜。切薄片時
要注意，需與紋路垂直斜切，這樣就會脆口喔！

● 加入杏鮑菇，是因為菇類可以提鮮，還能與脆口的豬頸肉創造口感上的變化。

家鄉滷豬腳 ◆操作時間：20分鐘 ◆烹調時間：1小時45分鐘

吃豬腳被認為可以去晦氣、迎好運，也有為父母添福壽等美好寓意，傳統做法繁雜又時長，而小美的恆溫長時間燉豬腳，不用顧爐火就輕鬆完成，很安心還好吃！

🍎 食材

A 油1大匙、薑片30克、蔥50克切段、蒜頭30克、八角4～5粒、豬腳800克

B 醬油100克 紅冰糖20克、黑糖10克、米酒50克

C 白胡椒少許、鹽¼茶匙、高湯或水500～800克(以淹過豬腳為準)

📖 做法

1. 豬腳選用後腳，剁成3～4公分一圈，熱水汆燙後撈起瀝乾；蔥切段，備用。
   TIP▶▶ 喜歡有肉的建議選用前腳。

2. 將油、薑片、蔥段、蒜頭放入主鍋，設**5分/Varoma/速度1**爆香
   TIP▶▶ 喜歡吃辣的朋友可以在這裡加入辣椒喔！

3. 加入八角、豬腳和食材B，不需蓋上量杯，以**20分/Varoma/↻/速度🥄**烹煮。

4. 加入食材C，將網鍋取代量杯放在主鍋蓋上，以**60分/Varoma/↻/速度🥄**烹煮，煮約30分鐘時可暫停，將豬腳上下對調使之均勻上色。

5. 最後5分鐘加入麥芽糖，能讓豬腳吃來不死鹹外，看起來更有光澤。如果沒有也可以省略。

伶仔老師貼心 POINT

- 想吃軟嫩一點口感者，可增加時間或是多燜20分鐘再取出盛盤。

  延伸料理之一鍋三菜

- 滷豬腳的同時，可以架上蒸鍋蒸蛋和白米飯(米：水=1:1.2)，蛋蒸熟就可以泡進滷汁變滷蛋囉！

牛肉可可咖哩 ◆操作時間：20分鐘 ◆烹調時間：50分鐘

烹調咖哩最難掌握的就是濃稠度！
太稀了變得像湯飯；太濃了又容易膩口，我要提供一個祕密武器--黑巧克力，
可以讓牛肉咖哩變得又香又濃又高級～

食材

A 洋蔥150克、奶油15克、牛肋條400克，馬鈴薯200克、紅蘿蔔(去皮)100克、蘋果100克、乾燥月桂葉1片、水300克、番茄醬1大匙、日式咖哩塊2小塊(約50～60克)、黑巧克力15克

B 鹽½茶匙、冰糖½茶匙

做法

1. 洋蔥、紅蘿蔔、蘋果切2公分塊狀；馬鈴薯去皮切4公分塊狀；牛肋條切2～3公分塊狀；日式咖哩塊剝碎，備用。

2. 開啟【秤重模式】，秤出50克洋蔥放入主鍋，設5秒/速度5切碎，利用刮刀棒將洋蔥刮至主鍋底。

3. 加入奶油，設3分/120℃/速度0.5爆香後，加入牛肋條400克，設5分/120℃/🔄/速度0.5拌炒。

4. 加入剩下的洋蔥、馬鈴薯、紅蘿蔔、蘋果、月桂葉、水和番茄醬，設15分/100℃/🔄/速度🥄烹煮。

   TIP▶▶ 少許番茄醬和牛肉所帶有的酸會互相融合，提升鮮度和豐富度。

5. 加入日式咖哩塊、鹽和冰糖，設5分/100℃/🔄/速度🥄烹煮。

6. 加入黑巧克力，設2分/100℃/🔄/速度🥄烹煮，即可盛出，配飯或搭烏龍麵都很棒喔！

伶仔老師貼心 POINT

- 喜愛吃馬鈴薯的朋友，可以把馬鈴薯切大塊一點，因為切小塊馬鈴薯的澱粉質會糊化，煮的久了就會和咖哩融為一體，你「濃」我「濃」喔！

- 我的祕密武器是會建議使用可可含量70%或75%的苦甜黑巧克力，有點微微甜微微苦的入菜是最剛好的喔！

Chapter 3

好鮮脆
蔬菜蛋豆腐

干貝炒絲瓜

◆ 操作時間：10分鐘
◆ 烹調時間：20分鐘

夏天很熱，又是在盛產瓜果的季節，最適合吃「瓜」了。

這時候就是干貝炒絲瓜上場囉！這是一道簡單到還不知道發生什麼，就煮好了的美味料理。

🫑 食材

A 油15克、薑絲10克、蔥10克、小干貝數顆、絲瓜1條

B 鹽1茶匙、水1大匙

🍳 做法

1. 蔥分成蔥白蔥綠，皆切斜段；絲瓜去皮、切約0.5公分片狀；小干貝先解凍，備用。

2. 將油、薑、蔥白放入主鍋，設3分/Varoma/速度1爆香。

   TIP▶▶如果使用乾干貝要先以冷水泡開，並在這一個步驟加入。

3. 加入小干貝和絲瓜，再設5分/Varoma/↺/速度1拌炒。

4. 加入食材B，設2分/Varoma/↺/速度1拌炒。

   TIP▶▶喜歡絲瓜軟一點的，可以延長拌炒時間1～2分鐘。

爆炒野菇溫沙拉

◆ 操作時間：15分鐘　◆ 烹調時間：30分鐘
◆ 準備器材：網鍋

自從小美最新型號有「高溫模式」後，料理就更無框架了。
我們可以利用Cookidoo®中的高溫食譜做延伸，擁有鍋氣的香，
端出來的美味媲美餐廳等級，好吃極了。

伶仔老師貼心 POINT

● Cookidoo®的高溫食譜皆經過測試，所以使用時要完全按照食材指示烹
煮。完成料理後可以拿來做很多變化，另外也推薦褐化洋蔥碎、油蔥酥
都是很常使用的高溫食譜喔！

食材

A 水30克、新鮮綜合野菇300克、橄欖油20克

B 橄欖油20克、檸檬汁20克、鹽¼茶匙、黑胡椒粗粒2小撮、糖½茶匙

C 蘿美生菜1把、蘋果¼顆、小番茄10顆

做法

1. 將蘿美生菜切大塊，清洗瀝乾後放入沙拉盆中；小番茄切半；蘋果切片，備用。

2. 用手機、電腦或平板點開Cookidoo®搜尋「炒綜合野菇」，存入書籤，並確認美善品TM6有連線同步。按照【炒綜合野菇】的引導式食譜完成爆炒野菇，取出備用。

   TIP▶▶ 新鮮綜合野菇可依自己喜好選用，放入鍋中時太大的要剝開或對切，較好熟成也好入口。

3. 在主鍋中放入食材 B 的油醋醬材料，設**15秒/速度3**拌勻備用。

4. 取一大沙拉盆先放入蘿美生菜後，放上爆炒野菇，再加上蘋果片和小番茄。

5. 最後淋上做法3的油醋醬汁，食用前充份拌勻，就可以享用！

做法2點開Cookidoo®搜尋炒綜合野菇，存入書籤，並依照引導完成。

營養翠綠炒空心菜 ◆操作時間：5分鐘 ◆烹調時間：20分鐘

不管是什麼菜，都不需要記熟每種菜的份量及烹調時間，
只要掌握伶仔老師的貼心要訣就能適用各種炒青菜，
不變黃不變老，超級無敵清脆好吃喔！

食材

A 蒜頭15克、油10克、空心菜(或任何葉菜類)300～500克

B 米酒1茶匙、鹽1茶匙

做法

1. 放入未剝皮蒜頭，設3秒/↺/速度5切碎。

2. 用筷子夾出蒜頭皮，加入油，設3分/Varoma/速度1爆香。

   TIP▶▶ 此步驟也可加入其他爆香材料一起，喜歡吃辣的朋友就可以加入辣椒。

3. 設定10分/Varoma/↺/速度1，同時邊將切段的空心菜由量杯口塞入，再加入食材B，蓋上量杯蓋，繼續煮。

   TIP▶▶ 炒菜一定要使用反轉鍵，才能「炒」，正轉的話會變成「切」菜喔！

4. 看到量杯口冒出大量蒸氣時，立刻將時間縮短為40秒～1分鐘，等小美音樂響起就完成，可以上菜囉！

不喜歡指尖有蒜味嗎？使用小美機3秒鐘可以幫你輕鬆剝皮，也都切碎好了喔！

伶仔老師貼心 POINT

● 不論炒什麼菜，不管份量多少，我都能把青菜炒的剛剛好熟。

● 重點在我都會先把炒菜時間的設定拉長，等看到大量蒸氣冒出時，再快速將時間調回40～60秒，開始倒數，視自己喜愛的口感，脆一點時間短，軟的時間長，掌握這個方法，你會發現小美很會炒青菜又很健康喔！

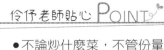

一鍋到底番茄炒蛋

◆ 操作時間：20分鐘　◆ 烹調時間：30分鐘

每個人都有一盤屬於自己記憶中番茄炒蛋的味道。
小美的低溫和刀組的運轉，以往被說無法炒蛋，其實只要了解原理，還是可以破解的喔！

🫑 食材

A 油25克、蔥1支、番茄3～4顆、水
　30克、番茄醬30克、蛋2～3顆
B 鹽少許、糖粉½茶匙、香油½茶匙

🥘 做法

1. 蔥分為蔥綠和蔥白，分別切小段；
　番茄每顆切成8等份；蛋預先在碗內
　打散，備用。
2. 在主鍋中放入油、蔥白和一半的蔥
　綠，設2分/Varoma/🔄/速度🥄爆
　香。
3. 加入番茄、水、番茄醬，蓋上量杯
　蓋，設12分/Varoma/🔄/速度🥄。
4. 當冒大量蒸氣時，將蛋液沿著量杯
　蓋周圍倒入，馬上按壓銀色旋鈕暫
　停運轉，拉開【計時器】設定1分
　半鐘，讓蛋液在主鍋中充分凝固。
　TIP▶▶ 刀組不運轉蛋塊才會完整。
5. 加入鹽、糖粉，設1分/120℃/🔄/
　速度🥄拌炒，最後20秒加入剩下的
　蔥綠和香油就完成囉！

伶仔老師貼心 PﾟOINT

● 破解原理：一定要等量杯蓋周圍冒出「大量蒸氣」，才可以將蛋液一口氣倒在主
　鍋蓋上，再沿著量杯孔慢慢流入主鍋，利用蒸氣的熱度讓蛋汁凝固，這樣就會
　得到完整的蛋塊而非蛋花。

紹子豆腐

◆操作時間：10分鐘　◆烹調時間：20分鐘
◆準備器材：蝴蝶棒

源自陝西的哨子麵，其紹子指的是肉燥。豆腐配上炒香香的肉燥，就非常美味，是不敢吃辣的我又想吃麻婆豆腐時，努力找出來的菜色。

🫑 食材

A 蒜頭10克、油10克、豬絞肉150克、板豆腐300克

B 香菇素蠔油2大匙、不辣豆瓣醬2大匙、鹽適量、香油5克

C 蔥花少許

🥣 做法

1. 板豆腐切約2公分小塊，備用。
2. 將蒜頭放入主鍋，設5秒/速度5切碎，用刮刀棒刮至主鍋底。
3. 加入油和豬絞肉，設5分/Varoma/速度🥄爆香。
4. 插入蝴蝶棒，加入板豆腐和食材B，設5分/100℃/速度🥄拌炒，時間到即可盛盤撒上蔥花，就可以享用。

伶仔老師貼心 POINT

> (延伸料理)
> ● 喜歡吃辣的朋友，只要將不辣的豆瓣醬換成辣豆瓣醬，在爆香時多加乾辣椒一起，就是厲害的麻婆豆腐喔！

無毛孔茶碗蒸

◆操作時間：15分鐘　◆烹調時間：30分鐘
◆準備器材：蒸鍋組、蒸蛋容器、錫箔紙或蓋子、保鮮膜

很羨慕餐廳總是能端出平滑無瑕的茶碗蒸，自己的蒸蛋卻總是月球表面？
想要蒸出完美蒸蛋真的有學問，掌握蛋水比例外，
連蒸的時間都有公式喔！

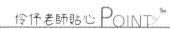伶仔老師貼心 POINT

- 可放入蒸鍋的蒸蛋容器很多，耐熱是首要考量，例如蒸鍋烤皿、耐熱瓷碗陶杯、耐熱玻璃盒等都可以。

- 如果想要看起來更上相，可以在蒸10分鐘後中途小心地開蓋，在微微凝固的蒸蛋表面放料。蓋回蓋子後，剩餘時間再延長2-3分鐘。

食材

A 蛋2顆、高湯4大匙、味醂1茶匙、淡
　醬油½茶匙、鹽¼茶匙、水300克
B 蒸煮用水800克
C 香菇1朵、蟹肉棒2根、四季豆1根

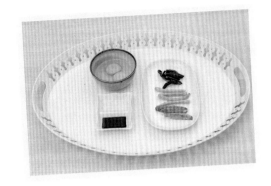

做法

1. 香菇切片；蟹肉棒斜切片；四季豆切段，平均放入每個杯中。
2. 將食材A放入主鍋，設30秒/速度3混合。
3. 打開主鍋蓋，用保鮮膜蓋住僅留一點縫隙過濾出蛋液，讓大的泡沫消去再倒入
　杯中，蓋上蓋子或鋁箔紙，將茶碗蒸放入蒸鍋內。
4. 將食材B的水放入主鍋，設10分/Varoma/速度1煮沸。
　　TIP▶▶這邊盛裝的容器加蛋液的總高度為4公分，等會蒸煮時間為4+10=14分
　　　　鐘。
5. 確定看到大量蒸汽時放上做法3蒸鍋，設14分/Varoma/速度1蒸煮，確認熟度
　後即可享用。
　　TIP▶▶先取一杯，用筷子插洞輕壓，若無蛋液溢出表示已凝固。若未完全凝固
　　　　馬上回蒸2～3分鐘。

　用保鮮膜蓋住主鍋，僅留一咪咪的縫隙用以
　過濾蛋液，這濾出來的蛋液較無泡沫。

　因盛裝蛋液的容器&材質的不同，蒸蛋的時間總覺得很難掌握，伶
　仔老師說個使用小美的小祕訣「蒸蛋的分鐘數=容器底部到蛋液的
　總高度+10」。
　例如本食譜蛋液倒入容器，從外側測量總高度4公分，那就是冒蒸
　汽上來後，再蒸4+10=14分鐘。

杏鮑菇鑲豆腐
佐南瓜醬汁

◆ 操作時間：20分鐘　◆ 烹調時間：45分鐘
◆ 準備器材：蒸鍋組、湯盤或是有點深度的大盤子

這是在某次美善品料理比賽中，和夥伴們用有機食材即興創作一舉拿下第一名的一道菜，實在太開心了！好吃又好看，現在跟我一起來復刻這道具有紀念意義的料理吧！

伶仔老師貼心 POINT

● 拌好的內餡若在填餡時沒填完，直接當成一道菜單吃也好吃，拌飯拌麵也適合喔！

延伸料理之南瓜醬汁

● 這個醬汁只要加入牛奶或鮮奶油，稍微加熱就變成南瓜濃湯，還可以自己加料變化，例如加上蟹肉棒及蝦仁就變成海鮮南瓜濃湯囉！

🖐 食材

A 杏鮑菇150克、紅蘿蔔(去皮)25克、
   洋蔥50克、油15克、黑豆豉醬20
   克、板豆腐2盒

B 洋蔥50克、油10克、南瓜(去皮)200
   克、馬鈴薯(去皮)50克、紅蘿蔔(去
   皮)30克、水500克、秋葵2條(或任何
   蔬菜切丁)

🍲 做法

1. 杏鮑菇、紅蘿蔔、洋蔥、馬鈴薯、南瓜切3～5公分的大塊；板豆腐先對切成8
   塊方形,備用。

2. 將食材A的杏鮑菇、紅蘿蔔、洋蔥放入主鍋,設**3秒/速度5**切粗碎。

3. 加入油、黑豆豉醬,設**5分/Varoma/速度1**爆香。

4. 趁炒料時,在蒸鍋上鋪好烘焙紙,秋葵或任何蔬菜丁放在邊邊,再放入豆腐,
   在豆腐中間挖洞,挖出的豆腐投入做法3主鍋一起拌炒即為內餡。
   TIP▶▶在蒸鍋內鋪上烘焙紙前可以先放入蒸架,才不會堵住蒸氣孔。

5. 取適量內餡填入每一塊豆腐中間的洞內,清空主鍋。

6. 食材B的洋蔥放入主鍋,設**3秒/速度5**切碎,將洋蔥末刮到主鍋底。

7. 加入油、紅蘿蔔,設**3分/Varoma/速度🥄**爆香,加入南瓜、馬鈴薯,再加入與
   食材齊高的水,架上蒸鍋組,設**15分/Varoma/速度1**烹煮。
   TIP▶▶主鍋內烹煮醬汁,同時用蒸鍋蒸鑲豆腐,蒸盤蒸秋葵,這就是節能省
         時。

8. 取下蒸鍋組,設定**1分/速度10**,主鍋完成南瓜醬汁。

9. 拿一個有一點深度的大盤子,先倒入南瓜醬汁均勻搖晃,鋪滿盤底。

10. 將蒸熱的鑲豆腐輕輕放入盤中,加入秋葵或其他蔬菜丁裝飾即完成。

Chapter
4

好暖心
營養湯品

台式玉米濃湯

◆ 操作時間：5分鐘　◆ 烹調時間：25分鐘

現在湯粉包超級方便，反倒令人懷念起小時候的玉米濃湯了。
我選擇用真正的玉米，再利用馬鈴薯取代澱粉，炒香的洋蔥增鮮甜，
一起攪打成濃湯，很哇塞的天然鮮喔！

🫑 食材

A 奶油10克、洋蔥100克、玉米粒400克(或¾罐玉米粒)、馬鈴薯(去皮)100克、淹過食材的水量

B 鹽½茶匙、玉米粒¼罐、牛奶200～300克

🍲 做法

1. 洋蔥切塊；馬鈴薯切塊。
2. 將奶油和洋蔥放入主鍋，設3分/Varoma/速度1爆香。
   TIP▶▶ 亦可先設3秒/速度3-6切碎，再轉回速度1，切碎洋蔥爆香更快釋出甜味。
3. 加入食材A的玉米粒、馬鈴薯塊和水，設15分/100℃/速度1烹煮。
4. 時間到後，再設1分/速度5-10漸速調合。
5. 最後加入食材B，設10秒/速度3攪拌，趁熱享用。

伶俐老師貼心 POINT

● 這是很純粹的玉米濃湯基底。想豐盛些的，可以在做法4調和後，打入蛋花、香菇丁、紅蘿蔔丁再烹煮3～5分鐘後調味即可。

茄汁紅燒牛腩湯

◆操作時間：15分鐘 ◆烹調時間：1小時20分鐘
◆準備器材：滷包袋

在百家爭鳴的台灣牛肉湯市場中，各地都能發掘到厲害的牛肉湯！
不要以為大鍋煮的才好吃，現在在家也能煮出簡單美味的茄汁紅燒牛腩湯喔，真的。

🥕 食材

A 牛腩400克、薑5克、蒜頭20克、洋
蔥150克、油1大匙、番茄100克、
紅蘿蔔(去皮)150克、乾燥月桂葉1
片、花椒粒5克、水900克

B 醬油50克、番茄醬50克、辣豆瓣醬
50克、冰糖20克

C 蔥花約5克

🍶 做法

1. 將薑拍扁；蒜頭去皮拍扁；洋蔥切塊；紅蘿蔔切滾刀塊；番茄一切四塊；牛腩
肉切約5公分大塊；月桂葉和花椒粒放入滷包袋束口。

    TIP▶▶本食譜也可使用牛腱切片(厚度約1.5公分)。

2. 加入牛腩肉塊，設3分/Varoma/🔄/速度1拌炒，炒出肉香。

3. 加入薑、蒜、洋蔥和食材B，設5分/Varoma/🔄/速度1拌炒。

    TIP▶▶切蔥花有剩的蔥白，可以此時加入去腥增香。

4. 加入番茄、紅蘿蔔、滷包袋和水，設50分/100℃/🔄/速度1烹煮。

5. 時間到，仍保留在主鍋中燜15~20分鐘後，再盛入湯碗中，撒上蔥花，即可享
用。

    TIP▶▶煮好的牛肉不要馬上吃，讓肉休息一下會更好吃喔！

伶仔老師貼心 POINT

- 燉煮嫩牛肉的3個訣竅：

    1. 洋蔥一定要先炒過，自然甜味就來自於洋蔥，牛肉吸足蔬菜甜香更好吃！

    2. 牛腩自然解凍後，先炒再燉，肉香足、湯頭甜，還能減少浮沫渣渣，更
好喝！

    3. 基本邏輯是大火炒、小火燉，這樣就能煮出軟嫩的牛腩，加麵條就是好
吃的牛肉麵囉！

鮮蔥雞湯

◆操作時間：10分鐘 ◆烹調時間：25分鐘
◆準備器材：平底鍋

快感冒前的小小不舒服，除了充分休息外，
最適合來上一碗熱熱的滿滿鮮蔥的雞湯，
是一道快速讓身體恢復元氣的料理喔！

食材

A 蔥100～200克、去骨雞腿2隻，
水700克

B 鹽適量、白胡椒粉適量

做法

1. 將蔥切成蔥花，放入大湯碗中。

   TIP▶▶蔥有點多，不要怕，全部切完就對了。

2. 熱一平底鍋，將雞腿肉帶皮的一面朝下以小火煎出油脂，且帶皮的一面呈現金黃色時，關火，將油脂瀝去，夾出雞腿肉、切片。

3. 將做法2雞腿肉片、水和調味料放入主鍋，設12分/100℃/🔄/速度↑煮沸。

4. 取出雞腿肉放在裝滿生蔥的大碗上。

5. 趁熱，直接將主鍋裡的雞肉湯往裝滿生蔥的大碗裡沖去，就是一碗蔥味十足的蔥雞湯囉！

 →  →  →

伶仔老師貼心 POINT

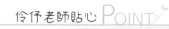

● 蔥含有豐富的硫化物，可以補充人體需要的營養，增加抵抗力。如果身體有感覺疲倦不舒服或感覺自己微微著涼，可以試試這一道簡單的鮮蔥雞湯，熱熱喝上一碗，身心都感受到溫暖，快速恢復活力喔！

鮮蛤蒜頭雞湯

◆操作時間：15分鐘　◆烹調時間：50分鐘
◆準備器材：網鍋

蒜頭富含的蒜素是熱性的，雖辛辣但能增強身體免疫力，
再加上鮮美蛤蜊的湯汁融合，喝一口，山珍海味都在裡面了。
這道備料簡單、烹煮容易，快試試吧～

🫑 食材

A 油½大匙、蔥2根、蒜頭125克、去
　骨雞腿肉500克、水1200克、米酒
　50克、蛤蜊約200克

B 鹽½～1茶匙

🍲 做法

1.將蔥切段,分為蔥白蔥綠;蒜頭去皮去蒂頭;蛤蜊吐沙後,以清水洗淨,備用。

2.去骨雞腿肉切5公分塊狀,先放入網鍋內。

3.將油、蔥白、蒜頭放入主鍋,設6分/Varoma/速度1爆香。

4.置入裝有雞腿肉的網鍋,加入水、米酒和鹽,設15分/100℃/🔄/速度🥄烹煮。
　　TIP▶▶ 使用網鍋,雞腿肉與蛤蜊不會碰觸刀組。

5.打開主鍋蓋,再小心打開網鍋蓋放入蛤蜊,再設10分/Varoma/🔄/速度🥄烹煮。

6.最後,再將網鍋中蛤蜊、雞肉和主鍋中的湯一起倒入大湯鍋中融合,即可享用。

可使用小美將蒜頭去皮。

伶俐老師貼心 POINT

- 常常有學員反應用小美直接煮,雞肉煮完變雞絲,這裡教大家使用網鍋煮雞腿肉,與蛤蜊分開不會碰觸刀組,不管煮什麼肉湯,相同方法就可以保持食材完整,美味也滿分!

- 蒜頭辛辣,份量不能太多,食材中的份量剛好很暖胃,怕辣的人可以適量減少。

南洋風味肉骨茶

◆操作時間：10分鐘　◆烹調時間：1小時30分鐘
◆準備器材：網鍋

天氣寒冷、濕氣太重，都需要來一碗蒜和胡椒都很多的肉骨茶湯。
蒜頭的嗆辣搭著胡椒的香氣，喝一碗，
身體都暖起來了，微微發汗通體舒暢喔！

食材

A 排骨肉1斤(600克)、帶皮蒜頭25顆、
肉骨茶包1袋、深色醬油(老抽)2大匙

B 跑活水用水約1500克

C 煮湯用水約1800克

做法

1. 將排骨放入網鍋再置入主鍋,倒入食材B的水淹過排骨,設**20分/50℃/速度2**進行跑活水 (可參考本書21頁)。

2. 將做法1排骨用乾淨的水沖洗後瀝乾,重新放入主鍋。

3. 再加入帶皮蒜頭、肉骨茶包,最後加水到主鍋的上限(max標誌2.2公升),在主鍋蓋上放上網鍋防止噗鍋,設**60分/120℃/⟳/速度1**烹煮。

   TIP▶▶ 使用網鍋放在主鍋蓋上防止噗鍋,因為氣泡碰到網鍋就會破掉,而且蒸汽仍然可以順利釋出。

4. 待水滾後,小心開蓋,加入深色醬油調色調味。

5. 待時間到完成後,可以依個人口味調整湯頭的濃度,喜歡濃一點的人可以煮久一點。

伶仔老師貼心 POINT

- 想要豐盛一點的人,可以在水滾後,加入豬肚、菇類、新鮮山藥或是其他不搶戲的材料,讓整鍋湯滋味更豐富誘人。

- 深色醬油指的是老抽,這是看起來黑但本身沒那麼鹹的醬油,只是取其色而已,家中若是沒有,可以用減鹽醬油或是淡味醬油都行。

好搭花生醬

特別
收錄

我從小就很喜歡花生醬，有了孩子後，才知道花生醬要慎選！
原來花生保存不當容易產生黃麴毒素，有害身體健康，建議少量購
買，減少囤放保存的時間。最好放在乾燥陰涼處，開封後放冰箱儲
存，使用前請先檢查。
因為這些種種，於是，我開始自製花生醬。
從挑選花生開始，加上低溫烘製，就能確保孩子吃進去的是濃醇香且
安全衛生的花生醬了。

手工花生醬

🫑 **食材**

600克原味熟花生、120克冰糖粉、
¼茶匙鹽

🫙 **做法**

1. 將花生、冰糖粉和鹽放入主鍋,設
Turbo/2秒/3次研磨。

　　TIP▶▶請確認花生是熟的,可不去
　　　　皮,近期烘的效果尤佳。

2. 再以1分30秒/**速度7**調和,如果聽
到空轉聲,按下銀色旋鈕暫停,將
鍋壁的花生醬刮到底部,再繼續攪
打直到綿密即可。

　　TIP▶▶完成後取出放入密封罐內,
　　　　放入冰箱冷藏保存1〜2周。

伶伃老師貼心 **P**OINT

● 挑選新鮮好吃花生要點!

外形:外殼完整無破損、紋路清晰、飽滿且沒有發霉現象帶殼花生,以有黃麴毒
　　　素檢驗合格的最佳,

顏色:好的花生顏色均勻,沒有斑點或凹陷。受到汙染的則會呈現黃色或綠色,
　　　顏色不均勻。

氣味:花生油脂成份高,在空氣中久放會氧化。聞一聞味道,如果有油耗味或霉
　　　味就是壞掉了。

花生醬餅乾

🫑 食材

花生醬200克、細砂糖50克、鹽1小撮、雞蛋1個(60克)、香草精／粉1小匙、泡打粉¼匙、切小碎粒的鹹酥花生或杏仁角15克

🥄 做法

1. 預熱烤箱180℃，烤盤墊烘焙紙。
2. 將所有材料加入攪拌鍋中，用刮刀棒拌勻成糰即可。

   TIP▶▶ 只要用刮刀棒拌勻即可，用機器拌會使花生醬出油反而不好吃喔！

3. 將花生醬糰分成25～30塊，搓圓後微微壓扁，可以用叉子壓出紋路，也可以撒上花生碎粒或杏仁角。
4. 放入烤箱中下層烤15～17分鐘，或直到餅乾邊緣微微焦化即可出爐。

伶仔老師貼心 POINT

● 剛烤出來的餅乾非常軟，我們可以連同烘焙紙一起拉出來移出烤盤，待涼再移動到餅乾袋或其他包裝盒中，比較不會破損。

鹹香花生醬拌麵

🫑 **食材**

A 麵條1把、蔥花適量

B 花生醬2大匙、醬油1大匙、麻油
1大匙、糖1大匙、烏醋1茶匙

🏺 **做法**

1. 依照包裝指示，煮熟陽春麵後，
   撈起麵條瀝乾水分。
   TIP▶▶可依喜好選擇自己愛的麵
   條種類。

2. 鍋裡留少許煮麵水，加入食材
   B，攪拌變成順滑易拌的程度。

3. 淋在煮的麵條上攪拌均勻，撒上
   蔥花及完成。

 伶仔老師貼心 POINT

● 其實這就是有花生香的麻醬麵，喜歡吃辣的朋友，加點辣椒醬會更加好吃喔！

沙嗲烤肉串

肉類的部份，除了使用去骨雞腿，
還可以用豬里肌肉塊或牛肉替換。

食材

A 彩椒紅黃兩色各1個、小黃瓜1條、
去骨雞腿切塊1大塊

B 水100克、辣味咖哩塊3格、原味花
生醬3大匙、沙茶醬60克、糖1大
匙、椰漿1罐（約400克）

C 白芝麻適量

做法

*1.*彩椒、小黃瓜切約3~4公分段狀，再切半；雞腿肉順紋切成3~4公分小塊；竹
籤浸泡熱水。

　TIP▶▶竹籤浸泡熱水進烤箱烘烤比較不會烤焦，也更安全衛生。

*2.*在主鍋內放入食材B的水、辣味咖哩塊，設**5分/100℃/速度2**混合。

*3.*加入花生醬、沙茶醬和糖，設**3分/100℃/速度2**混合。

*4.*加入椰漿，設**3分/速度2**混合好即為沙嗲醬。

*5.*將雞肉塊和1~2大匙的沙嗲醬混合醃製30分鐘。

*6.*肉醃好後，與蔬菜串在竹籤上，進烤箱前可再刷上一層沙嗲醬讓食材更有味
道。

*7.*再放入已預熱好的烤箱中以200℃烤約10~15分鐘至熟。

　TIP▶▶烤盤需包鋁箔或烘焙紙，不然清理起來較麻煩。

*8.*烤好的肉串刷一下沙嗲醬，淋上檸檬汁，撒上白芝麻即可食用。

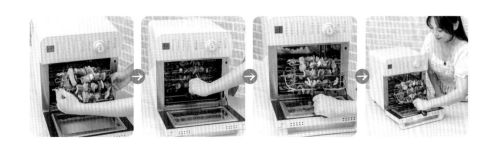

Baked dishes

療癒烘焙

重點把握不費工

給人帶來巨大的幸福呀
總是能創造生活儀式感
濃香甜的烘焙美食，

小美新手舉手要發問？

一台多功能型的小家電，真的相當好用，可是對於一個新產品初接觸時，當然不可以開鍋就上手呀！不要緊張，我們整理常見5個Q&A，先讓你安神定心喔！

Q1 如何用小美煮出好吃的白飯呢？

A 我們用白米100～350克放入網鍋，再加水1000克，看米份量設定18～20分/Varoma/速度4，主鍋蓋的上面架上蒸鍋，以防止噗鍋。

當音樂響起就表示煮好了，我們先用刮刀棒將網鍋取出倒扣在大碗公內，用刮刀棒將飯拌鬆，再蓋上蓋子回燜5分鐘以上，就能端出粒粒分明而不軟爛的白米飯，連最下面的飯也都不會濕濕的喔！

Q2 要怎麼炒肉末或肉絲才不會結塊呢？

A 先把絞肉或肉絲抓油，與油充分攪拌後，我們才開始爆香，之後要放肉末或肉絲之前，先設定時間/120℃/🔄/速度2。啟動後，才從量杯口把絞肉或肉絲放入，全部放完後，再把速度調回1，這樣就不會結塊或碎掉喔！

一開始要用速度2是為了把原本團結的肉肉們甩開，就是炒散的意思，才不會一下鍋就黏在刀片上或黏在鍋底。

Q3 用小美打麵糰時有什麼要特別注意的嗎？

A 小美不是超巨大的料理家電，所以為了保護刀組的軸承，放入的麵粉量每次不要超過400克，每打麵糰3分鐘請休息3分鐘，以避免過熱，感覺有一點小小麻煩，但請相信小美還是可以打出好麵糰做出好吃麵包喔！

Q4 攪拌機打麵糰的速度轉換成小美要用速度幾呢？

A 小美打麵糰的原理跟攪拌機不同，所以只有一個轉速：揉麵鍵。

麵糰升溫就容易造成麵糰老化，所以過程中只要留意麵糰會不會過熱，必要時使用冰過的液體食材與奶油，在麵糰揉打過程中，逐次加入降溫即可。打完的麵糰用手摸起來應該要涼涼的，約24～28度是最理想的。

Chapter 1

好幸福
親子甜點

氣炸烤牛奶

◆操作時間：10分鐘　◆烹調時間：1小時30分鐘
◆準備器材：不沾烤模6吋或耐熱玻璃烤模、冰箱

夜市賣的油炸牛奶香濃好吃，現在家有小美＋氣炸鍋，
也可以和小朋友一起完成這道少油好吃的簡單甜點喔！

🍓 食材

A 牛奶400克、鮮奶油100克、蛋黃3顆、糖50克、起司片2片、玉米粉50克

B 蛋液1顆

🍮 做法

1. 牛奶、鮮奶油、蛋黃、砂糖和過篩的玉米粉(一邊過篩一邊秤重)，還有起司片
全加入主鍋，開啟【稠化模式🍶/100℃】烹煮。

   TIP▶▶ 無稠化模式可直接設定12分鐘/98℃/速度3

2. 煮好後，倒入不沾烤模，放入冰箱冷藏至定型。

3. 取出切塊，在表面刷上蛋液，再用氣炸鍋200℃氣炸烤10～15分鐘至表面金
黃即可。

義式芒果冰淇淋
◆操作時間：5分鐘 ◆烹調時間：8小時5分鐘

這是只用冷凍水果的清爽健康版冰淇淋，不加鮮奶油或油脂，
製作起來非常快速，可當作萬用冰淇淋的做法。

🍓 食材
芒果400～600克、冰糖粉20～30克

🍳 做法
1. 將芒果肉切約3cm小塊，放入冰箱冷凍至少 8小時～12小時以上。
2. 冷凍芒果塊剝開，放入主鍋，設30秒/速度6～10漸速混合。
3. 用刮刀棒將鍋壁冰淇淋刮到鍋底，再設**揉麵鍵** /30秒，攪打成綿密果泥狀即為天然水果冰淇淋，請立即享用。

伶仔老師貼心 POINT

- 如果水果很甜可不加糖，因為無添加，融化很快，建議吃多少打多少，最新鮮！萬一融化可以放回製冰盒裡回凍，食用前再打一次。
- 芒果可以使用其他水分不多的水果替換，如：草莓、鳳梨、香蕉、火龍果或任何冷凍莓果類都行。

日式黑糖蕨餅

◆操作時間：20分鐘　◆烹調時間：2小時20分鐘
◆準備器材：方形容器

日本傳統和菓子的一種，跟台灣的涼糕有異曲同工之妙。
純正的本蕨粉不容易取得，我們使用片栗粉取代，不用飛日本也能品嘗清涼點心喔！

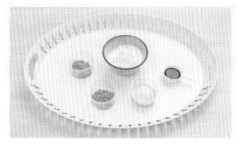

🍓 食材

A 片栗粉100克、黑糖75克、水500克
B 熟黃豆粉(或抹茶粉)2大匙、黑糖蜜
　 1大匙

🫙 做法

1. 將食材A放入主鍋，設**4分/100℃/
   速度2**烹煮至濃稠，以刮刀棒輔助
   攪拌至呈透明狀。

2. 將蕨餅糊倒入容器中，放涼後再放
   入冰箱冷藏至少2小時以上。
   TIP▶▶ 容器先抹上薄薄的一層油，
   　　　　 會較好脫模。

3. 待蕨餅完全冷卻後，切成一口大
   小，沾取熟黃豆粉或是抹茶粉，最
   後再淋上黑糖蜜就好囉！

伶伃老師貼心 POINT

● 片栗粉就是日式太白粉。不論是使用蓮藕粉、本蕨粉、片栗粉來製作都可以，在
  加熱糊化後，製作出來的口感差不多，營養價值與喜好因人而異，可以方便取得
  的材料為優先考量。

● 蕨餅最佳賞味期不要冷藏超過6小時，冷藏2小時的口感最好，冷藏時間越長蕨餅
  越硬，不好消化。

棉花糖變奏曲

◆操作時間：20分鐘　◆烹調時間：30分鐘
◆準備器材：方形烤盤(約32×24×5公分)、烘焙紙、
　　　　　　無粉矽膠手套、硬一點的刮刀棒

一鍋雙享受，利用棉花糖做變化，製作超夯伴手禮雪花Q餅，
不用擔心煮完主鍋內的棉花糖難清理，簡單多個步驟，
立刻同場加映好喝的棉花糖奶茶喔！

🍓 食材

A 奶油100克、白棉花糖(小)250克、奶粉100克、奇福餅乾400克、綜合果乾100克、草莓乾50克、整粒綜合堅果20克

B 水300～500克、紅茶茶包2～3包

🍮 做法

1. 將餅乾、果乾、草莓乾、堅果都秤好，鋪平在有烘焙紙的方形烤盤上，放入烤箱以100℃保溫。

   TIP▶▶可以把奇福餅乾剝半，混合時可以壓得比較緊實，比較有口感喔！

2. 將奶油和棉花糖放入主鍋，設**10分/110℃/速度2**煮融。

   TIP▶▶中途刮一下鍋壁，確認棉花糖都完全融化。

3. 加入奶粉，設**20秒/速度3**混合。趁此時間，將做法1烤盤拿出來預備。

4. 將主鍋內融化的棉花糖淋醬均勻淋在烤盤的乾果料上。

5. 戴上矽膠手套，再撕一張烘焙紙，隔著烘焙紙趁熱攪拌防止黏手，混合好後再用力壓平整型，放涼後就可以切塊享用囉！

   TIP▶▶混合的動作要快，因為棉花糖的淋醬降溫很快。

同場加映

6. 將主鍋內殘留的棉花糖淋醬加入食材B的水，設**5分/90℃/速度3** 烹煮加熱。

7. 丟入紅茶茶包燜2分鐘，就是好喝的棉花糖奶茶！

伶仔老師貼心 POINT

- 150克的綜合果乾可依喜好替換，蔓越莓乾、葡萄乾、藍莓乾、櫻桃乾或是剪碎的芒果乾等都是好選擇喔！

楊枝甘露

◆操作時間：30分鐘　◆烹調時間：35分鐘
◆準備器材：篩網

層次多、口感濃郁的楊枝甘露，想要做的好喝不難，
這邊偷加了祕密武器，讓整個飲品更升級，快來看吧！

🍓 食材

A 水1000克、西谷米60克、冰水150克、椰漿300克、全脂牛奶300克、香草冰淇淋100克、冰塊100克、愛文芒果肉500克、葡萄柚1顆

B 薄荷葉、兩球芒果冰淇淋

🥛 做法

1. 將愛文芒果去皮去籽切丁；葡萄柚去皮去白瓤，並把果肉剝散。開啟【**秤重模式**】先將西谷米60克秤好。

2. 將水放入主鍋，開啟【**煮水模式🍲/100℃**】煮滾。

3. 煮滾後，繼續延長設定**15分/100℃/速度1**，從主鍋孔倒入西谷米烹煮，時間到後持續燜5分鐘。

   TIP▶▶一定要等水滾，再倒入西谷米，才不會煮化了。

4. 待將西谷米從主鍋中倒入濾網裡，濾出水分，再放入冰水內冰鎮，才會粒粒分明口感Q。

5. 將椰漿、全脂牛奶、冰淇淋、冰塊和300克芒果肉放入主鍋，設**20秒/速度10**調合，完成後倒入大碗內。

6. 將西谷米撈起瀝乾水分，依序分別放入玻璃杯中，倒入芒果椰汁牛奶，再放上切小丁的芒果果肉、葡萄柚果肉。

7. 最後可用薄荷葉裝飾，請馬上享用吧！

伶伃老師貼心

- 切塊之後的芒果籽上通常還有很多果肉，不要浪費了，可以用10～15秒/🥄/速度3～3.5輕鬆取出芒果果肉，一次可用2～4顆芒果籽。

- 使用冰淇淋可以代替鮮奶油和糖，創造出濃郁口感，還能有淡淡的香草味道，滋味更讚。

台式馬卡龍

◆ 操作時間：25分鐘　◆ 烹調時間：40分鐘
◆ 準備器材：蝴蝶棒、烤箱、擠花袋、烘焙紙、剪刀、篩冰糖粉
　　　　　　用的篩網

小時候經過麵包店，看到又大又圓的牛粒都會吵著要買來吃。後來法式點心馬卡龍席捲全球，長相相似的牛粒就被冠上「台灣馬卡龍」的稱號，我還是覺得古早味更親切些。

網上很多配方我就不多一個了，這裡我為過敏兒發聲，產出無麩質版本！

🍓 食材

A 全蛋1顆、蛋黃2顆、冰糖粉75克、
蓬萊米粉100克

B 冰糖粉(多備一些灑粉用)

🍲 做法

1. 烤箱預熱200℃;將蓬萊米粉100克過篩,備用。

   TIP▶▶整個過程很快,所以先確認烤箱溫度夠,再進行製作成功率高。

2. 將全蛋和蛋黃一起放入主鍋,**插入蝴蝶棒**,再加入純冰糖粉,設10分/45℃/
速度3.5打發到極濃稠狀。

   TIP▶▶測試是否充分打發全蛋液,可用刮刀棒提取蛋糕,約2～3秒滴下且不輕
   易融入麵糊中,能明顯看出摺疊痕跡。

3. 蝴蝶棒繼續插著,倒入做法1的蓬萊米粉至蝴蝶棒兩側,設**2秒/速度2**,重複3
次,直到沒有乾粉狀。

   TIP▶▶為避免消泡每次不超過2秒,可用刮刀棒將鍋壁蛋糊集中往內刮。

4. 將攪拌好的麵糊裝入擠花袋,剪一個小洞,在舖有烘焙紙的烤盤上垂直擠出直
徑約2.5公分小圓形。

   TIP▶▶因烤時會膨脹,每一個小圓形中間要留空隙,不要緊貼。

5. 每個小圓麵糊上都要用篩網均勻撒上純冰糖粉,從頭到尾至少覆蓋兩次。

6. 放入預熱好的烤箱中上層,以200℃烤6～8分鐘直到外表上色。

7. 取出後,輕輕把牛粒從烘焙紙上剝下來,放涼,吃的時候可以夾入奶油餡或果
醬,兩兩對合就完成了!

伶仔老師貼心 POINT

- 成功的關鍵在於蛋的打發,首先打蛋的主鍋必須要無油無水、乾淨乾
燥,才能放入蛋打發喔,最後要能判斷打發狀態是提取蛋糕約2～3秒滴
下的程度,那就離成功不遠了。

- 冰糖粉是小美擁有者的專屬,在購買時都會有打冰糖粉的教學,然後將
冰糖粉存放好,因磨得很細很可以節省料理融化的時間,在烘焙裡也能
很容易溶解在濕性材料裡,讓烘焙成品好吃又好做。

豆豆龍草仔粿

◆操作時間：35分鐘　◆烹調時間：1小時45分鐘
◆準備器材：網鍋、饅頭紙、大夾鏈袋或保鮮膜

將草仔粿變成可愛的豆豆龍是好姐妹的主意。
我們都是超愛孩子的人～把菜脯米裝進豆豆龍圓圓的肚子裡，
期許自己不論世界怎麼變，都不要忘記自己心中的孩子。

🍓 食材

A 蘿蔔米(菜脯米、蘿蔔絲)100克、油30克、香菇30克、油蔥酥20克、蝦米30克、白胡椒1茶匙、醬油膏或蠔油50克、糖1大匙、水30克、洗蘿蔔米的水1000～1500克

B 艾草葉100克、水(淹過艾草即可)

C 水270克+15克、糯米粉300克、在來米粉100克、鹽½茶匙、糖40克、油1大匙、艾草泥30克、竹炭粉少許

🍲 做法

1. 洗蘿蔔絲：蘿蔔米放入網鍋，加水淹過蘿蔔米設**1分/速度4**沖洗，網鍋取出瀝水，再盡力擠乾多餘水分，最後用剪刀剪短(約5公分)，備用。

   TIP▶▶怕菜脯米、蘿蔔絲在曬乾過程中有灰塵或是過鹹，我們洗一遍就很安心。

2. 將油、香菇、油蔥酥、蝦米、白胡椒粉放入主鍋，設**5分/Varoma/速度1**爆香。

3. 再設**11分/Varoma/速度1**啟動後，再從主鍋孔加入做法1的蘿蔔米和食材A剩餘材料，炒香放涼即為內餡。(清空主鍋)

4. 將艾草放入主鍋，加水淹過艾草，設**30分/100℃/速度1**烹煮。完成後，瀝掉水分，再用**10秒/速度6～8**打成泥即成艾草泥醬。

   TIP▶▶剩餘沒有用完的，可冷凍保存之後使用。

5. 開啟【**秤重模式**】，將糯米粉、在來米粉、鹽、糖都先秤好，混合好放在烘焙紙上。

6. 水270克放入主鍋，開啟【**煮水模式🫖/50℃**】，時間到，從主鍋孔一口氣倒入做法5所有粉類，設**揉麵鍵🌱/1分**。

7. 加入油，設**揉麵鍵🌱/1分**至無乾粉狀，取出全部的粿糰。

   TIP▶▶這是可以分切成所有顏色粿糰的總和份量，尚未用到的用保鮮膜覆蓋防止乾燥乾皮。

8. 白粿糰：100克粿糰放入主鍋，加水15克，設**揉麵鍵🌱/30秒**。手抹油取出粿糰。

9. 秤好切出100克白粿糰再均分成13顆，剩下的少許與竹炭粉調勻，備用。

10. 艾草粿糰：做法7剩餘的粿糰加入30克艾草泥，設**揉麵鍵🌱/1分**，手抹油取出粿糰平均分成14顆(1個約50克)。

11. 艾草粿糰取兩小顆分切成24個，搓成菱形當作耳朵，剩下的12個包入約45克餡料，封口收緊。

12. 白色粿糰12個都搓圓壓扁，放在做法11包好的艾草粿糰作肚子，剩下的分成24個小圓球，壓扁作眼白。

13. 竹炭粿糰做眼珠、鼻子和鬍鬚。

14. 做完造型放入蒸鍋和蒸盤，用饅頭紙襯底，大約可以放6隻。

15. 在主鍋中加入水500克，架上蒸鍋組，設**25分/Varoma/速度🌱**蒸熟草仔粿即完成。

伶仔老師貼心 Point

● 造型也可用粿印，粿印要先抹油再印出想要的圖印粿。

● 美善品每次可蒸六隻，先做完六隻，放上去蒸，再接著做六隻，更節省時間。除了可用饅頭紙，傳統也會用粽葉墊底。

虎紋黑糖珍奶

◆操作時間：15分鐘　◆烹調時間：40分鐘
◆準備器材：玻璃杯

你是「珍奶控」嗎？
享譽全球的台灣全民飲料，在家你可以甜度、冰度完全客製化，
家裡小孩也可以一起參與動手做，沒有咖啡因老少咸宜喔！

伶仔老師貼心 POINT

- 選樹薯粉請認明包裝名稱：Tapioca starch，可以讓珍珠冷了也不易硬化，口感較好。

- 日式太白粉是熟粉，如果有多做未煮的珍珠，可以沾上少許太白粉，密封好放入冰箱冷凍，約可保存半年。

🍓 食材

A 黑糖100克、水250克

B 黑糖60克、水80克、樹薯粉90
克、日式太白粉30克、煮珍珠用
水1500克

C 鮮奶300克

🏺 做法

1. 將食材A放入主鍋,設**5分/100℃/速度1**烹煮,完成後倒出黑糖蜜放涼,備
用。

2. 將食材B的黑糖和水放入主鍋,設**3分/100℃/速度1**烹煮,再加入樹薯粉和日
式太白粉,設**20秒/速度3**攪拌。

TIP▶▶ 趁黑糖水熱的時候,一口氣將粉類倒進去攪拌才最好拌均勻。

3. 將粉糰取出放在烘焙紙上,待涼後,隔著烘焙紙以擀麵棍擀成1公分厚,再切成
1公分正方形,表面撒上少許日式太白粉,再將每一顆搓成圓形珍珠狀。

TIP▶▶ 搓成珍珠後,多灑一些日式太白粉可防沾黏。

4. 將1500克水放入主鍋,設【**煮水模式🔔/100℃**】加熱。

5. 加入珍珠,設**10分/100℃/速度1**烹煮,燜15分鐘後倒入網鍋瀝乾,並用冷開
水稍微沖洗,去除表面澱粉。

TIP▶▶ 煮好的珍珠可拌入砂糖或黑糖,防止沾黏。

6. 黑糖蜜與做法5的珍珠一起放入主鍋中,再設**8~10分/Varoma/🔄/速度1**煮到
收汁。

7. 舀一杓黑糖蜜珍珠放入玻璃杯中,傾倒玻璃杯旋轉,讓黑糖漿附著在玻璃杯上
形成虎紋狀,再倒入牛奶,就成了虎紋黑糖珍奶囉!

TIP▶▶ 客製化口味在這裡調整,愛冰者可以加冰,喜歡喝溫的可先將牛奶加
熱,甜度由加入的黑糖蜜珍珠多寡來調整。

Chapter 2

好得意
入門烘焙

檸檬優格杯子蛋糕

◆ 操作時間：10分鐘 ◆ 烹調時間：50分鐘
◆ 準備器材：篩網、杯子紙模6個、烤盤、
烤箱、擠花袋

這款小蛋糕超級適合烘焙新手，操作容易成功率高，生活中需要點成就感，
就來做檸檬優格杯子蛋糕吧！

🍓 食材

低筋麵粉330克、泡打
粉2茶匙、鹽½茶匙、
無鹽奶油180克、細砂
糖240克、檸檬皮屑2
顆、蛋3顆、原味優格
210克

❀ 裝飾

糖粉、檸檬皮屑

🏺 做法

1. 將烤箱預熱至180℃。(預熱時間大約需要10分鐘)
2. 利用篩網將低筋麵粉、泡打粉和鹽過篩至烘焙紙上。
3. 將奶油、細砂糖和檸檬皮屑放入主鍋，設**30秒/速度5**攪打，利用刮刀棒將混和
   物刮至主鍋底。
   TIP▶▶ 取檸檬皮屑時請小心不要取到白瓢部分，會苦。
4. 不需蓋上量杯，設**30秒/速度4**混合，同時，從主鍋蓋孔加入蛋混合。完成後，
   利用刮刀棒將材料集中至主鍋底。
5. 加入原味優格，設**30秒/速度3**混合。
6. 加入做法2的粉料，設**30秒/速度3-6**漸速混合，再次利用刮刀棒輔助將主鍋壁
   上的麵粉刮至底部拌勻即為麵糊。
7. 將麵糊填入擠花袋，再逐一擠入烤模，放入已預熱的烤箱中以180℃烤30～35
   分鐘。
8. 取出放涼，篩上糖粉，裝飾上檸檬皮屑後即可享用。

一鍋到底海綿蛋糕

◆操作時間：20分鐘　◆烹調時間：45分鐘
◆準備器材：8吋不沾蛋糕模或紙杯6～8個、
　　　　　　烤箱、蝴蝶棒

全蛋打發是很多甜點的基礎，口感輕軟綿密的海綿蛋糕就是其中之一，
對初學小白來說好像有點難，但是不用怕。
有小美幫你，我們一起來把基礎打穩吧！

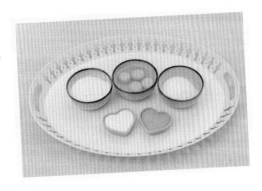

🍓 食材

A 常溫蛋4顆、砂糖100克、低筋麵粉
120克

B 牛奶50克、植物油50克

🍰 做法

1. 預熱烤箱至175℃。

2. 將低筋麵粉在烘焙紙上過篩；將食材B的液態材料混合好。

3. 主鍋插上蝴蝶棒，放入常溫蛋與砂糖，設12分/50℃/速度3.5，打發到確定非常濃稠，呈現麵糊滴下會有折疊的痕跡時即可。

4. 先設定美善品20秒/速度2，同時打開量杯，利用烘焙紙稍微捲起一口氣將做法2的低筋麵粉從量杯口倒入，再按一下反轉鍵，可以幫助麵粉混合更均勻。

5. 再設定15秒/速度2，將混合好的食材B從量杯口正中間倒入。

6. 用刮刀棒垂直插到主鍋底部，順著蝴蝶棒轉各兩圈就將麵糊倒入模具中，放入已預熱好的烤箱下層，以175℃烤約25分鐘。

   TIP ▶▶ 垂直插入刮刀棒可以減少混合過程中麵糊的消泡。注意不要太過翻攪，因液態材料混合就開始容易消泡了，所以轉兩圈就可以馬上入模，送進烤箱囉！

7. 以探針插入蛋糕體，拉出時若沒有沾黏就是蛋糕熟了，輕輕倒扣取出，置於網架上放涼就可以享用！

 伶仔老師貼心 POINT

蛋糕能否成功關鍵-雞蛋打發

蛋糕能否成功關鍵在蛋糊，首先一定要使用常溫雞蛋才能快速打發，打發前主鍋一定要乾燥且無水無油，才會成功打發雞蛋糊喔！再來，判斷蛋是否打發好的程度，是用刮刀棒提取蛋糊，約2～3秒滴下，且不輕易融入麵糊中，明顯看出摺疊痕跡。如果蛋糊流下的速度快，近似液體或濃湯，就表示沒有打發！

● 操作全程非常迅速，想要流暢一氣呵成，請事先將材料全部預備起來！

Happy黑皮米蛋糕

◆操作時間：15分鐘　◆烹調時間：1小時10分鐘
◆準備器材：直徑15公分的蛋糕模、蒸架

我們用養生的黑米取代麵粉做成一款無麩質點心，對麩質過敏者很友善，
而且用美善品研磨黑米，會透出一股清香，讓大家都可以吃得很Happy喔！

🍓 食材

A 黑米50克、糯米70克
B 蛋4顆、糖粉50克、泡打粉1
　茶匙、牛奶30克、油20克
C 蒸煮用水700克

📖 做法

1. 黑米和糯米放入主鍋，設**3分/速度10**磨成細緻的米粉，倒入碗備用。

2. **插入蝴蝶棒**，將蛋、糖粉和泡打粉放入主鍋，以**12分/40℃/速度3.5**打發。確
   定打發到非常濃稠，麵糊滴下會有折疊的痕跡。
   TIP▶▶此時的麵糊輕盈濃稠，用刮刀棒沾取看麵糊流下的時速度緩慢，約2～3
   秒滴下麵糊中，能明顯看出摺疊痕跡。

3. 加入磨好的黑米粉、牛奶和油，以**5秒/速度4**混合，取下蝴蝶棒，用刮刀棒將麵
   糊徹底混合均勻。

4. 倒入蛋糕模內，蓋上耐熱保鮮膜，放入已放上蒸架的蒸鍋，蓋上蒸鍋蓋備用。
   TIP▶▶放上蒸架才不會堵住主鍋的通氣孔洞。

5. 將水放入主鍋，架上蒸鍋，以**40分/Varoma/速度1**蒸煮，音樂聲響起就可拿出
   脫模，放涼後即可享用。

伶仔老師貼心 POINT

● 黑米不是黑糯米也不是紫米喔！黑米算糙米的一種，含豐富膳食纖維、微量元素
　外，最重要的是含有可以保護眼睛的花青素，相當健康有營養。

鍋煎舒芙蕾

◆操作時間：30分鐘 ◆烹調時間：30分鐘
◆準備器材：蝴蝶棒、擠花袋、剪刀、篩糖粉用的篩網、平底鍋

蓬蓬鬆軟的舒芙蕾看起來好可口，重點是只要一個不沾平底鍋鍋煎就可以，
搞定一道偏清爽沒有負擔的甜點so easy。

🍓 食材

A 全蛋2顆、全脂牛奶35克、細砂糖
　30克、低筋麵粉45克，無鋁泡打
　粉¼茶匙
B 裝飾糖粉適量、水果、蜂蜜、薄荷葉

🥄 做法

1. 蛋白蛋黃分開；將蛋黃、牛奶放入
大碗公；一邊攪拌一邊加入過篩的
低筋麵粉，拌到無粉粒就可以。
　TIP▶▶不要攪拌太久，避免出筋。

2. 主鍋中插入蝴蝶棒，放入蛋白和砂
糖，設3分/速度3.5打發，打到硬
性發泡就停止。

3. 將一杓蛋白霜加入蛋黃糊輕輕地攪拌後，再全部倒入主鍋，用刮刀棒插入主
鍋，順著蝴蝶棒轉3～4圈，混合均勻後，裝入擠花袋。
　TIP▶▶不要過度攪拌會容易消泡喔！

4. 在平底鍋抹上一點點奶油，轉最小火，剪開擠花袋，擠入麵糊在鍋中，鍋邊滴
上一點水(不要碰到麵糊)，蓋上鍋蓋，大約3分鐘後開蓋，輕輕翻面，再滴上一
點水，再蓋上鍋蓋約2～3分鐘，就可以起鍋。

5. 在盤內放上喜歡的水果，再擺入剛煎好的舒芙蕾，撒上糖粉、淋上蜂蜜，就請
趁熱食用啦！

伶仔老師貼心 POINT

成功的關鍵在於要能判斷蛋白打發到硬性發泡的程度。就是
用刮刀棒垂直插入，拉起來後蛋白霜直立不彎垂，就表示成
功了。(注意主鍋必須要無油無水、乾淨乾燥喔！)

● 建議新手用刮刀棒直接攪拌混合蛋白和蛋黃糊，比較不會
消泡。如果真的消泡，別丟掉，用平底鍋改煎成鬆餅或銅
鑼燒也很好吃。

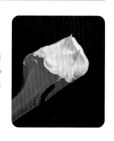

人氣蛋黃酥

◆ 操作時間：50分鐘　◆ 烹調時間：2小時
◆ 準備器材：烤箱、擀麵棍

中秋節家家戶戶的烤箱開始飄出蛋黃酥香，這也是我超受歡迎的課程之一！
蛋黃酥經過一點巧思，還可以變化成桃花酥和菊花酥，讓你家中秋節的月餅超吸睛！

伶仔老師貼心 POINT

● 無水奶油皆切小丁冷藏，使用前再從冰箱拿出來。如果奶油過軟，油皮不好成糰，油酥很容易變得黏手。

🍓 食材

A 紅豆餡720克、鹹蛋黃12顆、米酒少許

B 水100克、糖15克，鹽1茶匙、無水奶油60克、低筋麵粉100克、高筋麵粉100克

C 低筋麵粉180克，無水奶油90克

D 熟黑芝麻少許、蛋黃兩顆

做法

〔內餡〕

1. 烤箱預熱180℃。

2. 將紅豆餡分成30克1顆，共分成24顆。

3. 在碗內放入米酒和鹹蛋黃，將每顆鹹蛋黃表面沾裹上米酒，將鹹蛋黃取出後放入烤箱內以180℃烘烤5～6分鐘，取出切半備用。

　　TIP▶▶蛋黃減半較無負擔，如果喜歡整顆蛋黃，就準備24顆。

〔油皮〕

4. 食材B依序放入主鍋，以**20秒/速度3-6**漸速混合。

5. 設定**揉麵鍵 /1分**揉麵，取出放在揉麵墊上，蓋上油布鬆弛20分鐘。再分成每個30克，再次鬆弛一下。

　　TIP▶▶油布的製作為取一大塑膠袋倒入一點油搓揉均勻即可。油皮非常怕乾，如果乾燥就會產生裂痕，我們用蓋油布幫忙保濕。

〔油酥〕

6. 將食材C依序放入主鍋，以**15秒/速度4**混合成糰就可停止。

7. 取出直接分每個20克，共12個，用塑膠袋蓋著，防止乾燥。

〔組合〕

8. 烤箱預熱上火190℃、下火160℃。

9. 依序將油皮包入油酥，共12個放好，用油布蓋著休息一下。

10. 按照順序，取兩個收口朝上用手壓扁，對折後一次同時擀捲兩張皮，鬆弛10分鐘。

　　TIP▶▶擀卷的意思是用擀麵棍上下桿開來回三次，再從上往下用掌心捲起。

11. 按照順序，取第一個擀捲好的麵皮，稍微拉長後對切，取其中一半再折半，將收口朝內壓扁，桿成圓皮後包入內餡，再用手部虎口收口捏緊。

12. 包好的蛋黃酥依序放上烤盤。

　　TIP▶▶烤盤上可以噴一點水，可以防止蛋黃酥在烤盤上滾來滾去喔！

13. 放入已預熱的烤箱中先烤15分鐘，再拉出來刷上蛋液、撒上芝麻，整盤掉頭再烤10～15分，就可以出爐囉！

　　TIP▶▶先烤15分鐘再刷蛋液，蛋液就不會輕易裂開。

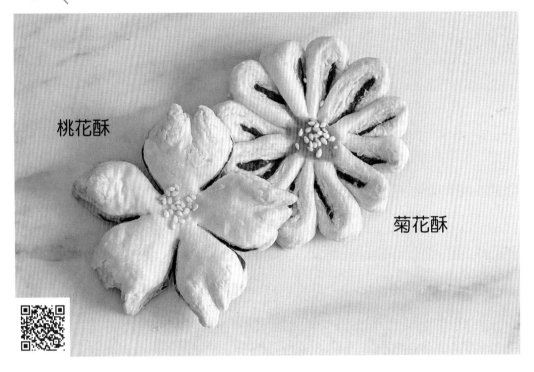

桃花酥

菊花酥

桃花酥

做法

1. 接續在蛋黃酥完成第11步驟後，將包好餡料的油皮油酥糰稍微壓扁。

2. 用刀尖畫切5等份，保留中心不要切斷，此時就像花朵的五片花瓣。

3. 再用手指頭將花瓣倒三角型的兩角捏起來，呈尖尖的樣子，就變成桃花花瓣了！

   TIP ▶▶ 喜歡的話，可以將酥皮用粉紅色色膏染成粉紅色，就更像桃花囉！

菊花酥

做法

1. 接續在蛋黃酥完成第11步驟後，將包好餡料的蛋黃酥壓扁。

2. 用刀尖均分畫切成4份，保留中心不要切斷，每一份再切兩刀變成三等份，總共12等份。

3. 每一等份都朝同一方向翻開，讓餡料朝上露出。

4. 中心擦一點蛋黃液撒上白芝麻就完成囉！

   TIP ▶▶ 喜歡的話，也可以將酥皮拌入一點黃色色膏，就能做出黃色的菊花酥！

鳳凰酥

◆ 操作時間：10分鐘　　◆ 烹調時間：1小時
◆ 準備器材：鳳梨酥烤模18個(50克烤模)、隔熱手套或隔熱料理夾、烤箱

台灣伴手禮絕對少不了鳳梨酥！
鳳梨的台語「旺來」非常具有好兆頭，
內餡加包入鹹蛋黃就成為鳳凰酥了，有空做做鳳凰酥將好運分給大家吧～

🍓 食材

A 奶油130克、冰糖粉40克、低筋麵粉200克、帕瑪森乳酪粉40克、奶粉40克、蛋1顆

B 鳳梨餡280克、鹹蛋黃8顆

🍶 做法

1. 將奶油切小塊後冷藏；低筋麵粉和帕瑪森乳酪粉混合過篩；鹹蛋黃噴上米酒，放入預熱好的烤箱以160℃烤15分鐘，備用。

2. 鹹蛋黃放入主鍋，設**5秒/速度8**切碎，取出備用。

3. 將食材A放入主鍋，以**20-30秒/速度4**混合，混合完成即為外皮麵糰。

4. 將外皮麵糰分割成每份25克共18顆的圓球，放入冰箱冷藏。趁外皮冷藏時，預熱烤箱至170℃。

5. 取15克的鳳梨餡包入5克鹹蛋黃用手搓圓，共18份鳳凰餡。

6. 從冰箱取出外皮麵糰，用手掌輕輕壓扁，逐一包入鳳凰餡，收口捏緊後放入模具內壓模成型，連同烤模一起放在烤盤上，重複完成18顆鳳凰酥。

7. 將鳳凰酥放入烤箱內以170℃烘烤15分鐘，用耐熱料理夾或耐熱手套將鳳梨酥連同烤模翻面，再續烤7～10分鐘，直到表面呈均勻的金黃色。

8. 取出烤盤，用耐熱料理夾或耐熱手套將鳳凰酥脫模，放置在網架上降溫即可。

　TIP▶▶ 待完全降到室溫時，就可以進行包裝或直接食用了。

伶仔老師貼心 POINT

● 鳳凰酥在室溫乾燥處可保存1個星期，冷凍的話可以保存3個月，食用前退冰到室溫，或回烤加熱就好了喔！

楓糖堅果塔

◆ 操作時間：35分鐘 ◆ 烹調時間：2小時15分鐘
◆ 準備器材：擀麵棍、12連塔模、塔皮壓棒、烤箱

因為充滿了堅果，這款小巧的點心看起來很豐富也多了很多的營養，
難怪一直是團購居高不下的人氣點心唷！

伶仔老師貼心 POINT

● 綜合堅果可依喜好使用熟夏威夷豆、無鹽烤腰果、帶皮杏仁果、南瓜子、核桃、榛果、松子等都行。

● 堅果塔放在乾燥陰涼處或冷藏儲存，3～5天內是最佳賞味期，當日沒食用完最好密封保存。

🍓 食材

A 無鹽奶油200克、低筋麵粉370克、冰糖粉100克、蛋1顆、鹽1小撮、香草糖1茶匙

B 熟的綜合堅果320克、水25克、麥芽糖25克、楓糖漿35克、二砂糖35克、鹽¼茶匙、無鹽奶油15克、蔓越莓乾40克

🥛 做法

〔塔皮〕

1. 將食材A塔皮的材料全部放入主鍋，以**30秒/速度5**混合。

　TIP▶▶ 無鹽奶油放冷藏，使用時再取出切小塊，麵糰混合後比較不會黏手。

2. 將麵糰取出整形成圓球狀，放入大碗再蓋上保鮮膜，放入冰箱冷藏1小時。同時清潔主鍋並用乾淨的布擦乾。

3. 將烤箱預熱至160℃。

4. 將麵糰取出置於烘焙紙上，上方再蓋上一張烘焙紙，利用擀麵棍將麵糰擀成厚約0.3公分的塔皮。

5. 利用切模將塔皮切出適當的大小，放入塔模內鋪好，壓緊貼塔圈壁。可以用塔皮壓棒輔助。

　TIP▶▶ 保持塔皮冰涼是製作關鍵，避免室溫太高或手觸碰太久而影響溫度。

6. 利用叉子將塔皮戳出數個小洞，放入已預熱的烤箱中以160℃烘烤15～20分鐘。

　TIP▶▶ 戳洞可以幫助熱氣散出，減少造成凸起或裂開的情況出現。

7. 烤好的塔皮取出置於網架上放涼。

〔楓糖堅果餡〕

8. 將烤箱預熱至110℃

9. 將所有的堅果放入烤箱，以110℃保持溫度。

10. 將水、麥芽糖、楓糖漿、二砂糖和鹽放入主鍋，以**5分/120℃/速度1**混合。

11. 當主鍋溫度到達115℃時，取下量杯蓋，加入奶油，再蓋上量杯蓋，繼續加熱至120℃，再持續加熱1分鐘。

12. 取下量杯，設定美善品**1分/120℃/↩/速度1**攪拌。此時，從主鍋孔放入保溫的堅果和蔓越莓乾一起拌勻，並調整烤箱溫度至140℃。

　TIP▶▶ 堅果預先加熱保溫，加入糖漿中才不會造成瞬間降溫而凝結的情況。

〔組裝〕

13. 趁楓糖堅果餡剛煮好熱熱的，取適量一一填入塔皮內，再放入已預熱好的烤箱，以140℃烘烤20分鐘，取出放涼就可以食用啦！

Chapter 3

好療癒
爆款點心

繽紛水晶球

◆ 操作時間：15分鐘 ◆ 烹調時間：20分鐘
◆ 烹調時間：水信玄餅球模

很熱的時候，不妨將繽紛的水果做成療癒的水晶球吧！

🍓 食材

A 當季綜合水果(例如芒果、奇異果、火龍果、藍莓等)200克

B 果凍粉20克、水700克、糖50克、檸檬汁10克

🍮 做法

1. 將食材 A 的水果切成丁狀，備用。

2. 將食材B放入主鍋，設6分/100℃/**速度1**烹煮果凍液，取出冷卻10分鐘。

   TIP▶▶ 果凍液在室溫35℃下會開始慢慢凝固，所以時間不用太久。

3. 在球型模具裡先放入水果丁，再從注水的孔洞裡緩緩倒入果凍液。

4. 輕輕搖晃球型模具，讓水果丁都充分沾取到果凍液，做出來會比較好看。

5. 放置冰箱冷藏2小時至完全凝固後，即可打開模具取出水晶球享用。

伶仔老師貼心 POINT

● 水果丁的大小一樣做出來會更好看，無模具者，也可使用果凍杯製作簡單好吃的水果水晶凍。

水果奶蓋戚風

◆操作時間：45分鐘　◆烹調時間：1小時20分鐘
◆準備器材：蝴蝶棒、6吋中空烤模、擠花袋

這道我使用乾燥水果凍乾，主要是不受季節限制，全都能美美出場！
我最喜歡用草莓及無花果凍乾，裝飾上薄荷葉，就是最美的下午茶風景。

伶仔老師貼心 POINT

● 除了水果凍乾外，也可選用當季新鮮水果
　來裝飾，就是要盡快趁新鮮吃完囉！

記得，先拍照再享
用唷！

🍓 食材

A 鮮奶75克、植物油45克、蛋黃7顆、低筋麵粉120克、冰糖粉95克、蛋白7顆

B 奶油乳酪320克、冰糖粉90克、鮮奶油180克、鮮奶90克

C 水果凍乾25克、薄荷葉少許、裝飾糖珠

🥣 做法

〔戚風蛋糕體〕

1. 將烤箱預熱至190℃;蛋白和蛋黃分開,備用。

    TIP▶▶ 請確保裝蛋白的容器是完全乾燥,不能有任何油、水或蛋黃。

2. 在主鍋蓋上放一個鋼盆,依序一邊秤一邊放入鮮奶、植物油、蛋黃和低筋麵粉後,取下鋼盆,並用打蛋器將全部攪拌均勻,備用。

3. **插入蝴蝶棒**,將冰糖粉和蛋白放入主鍋,不需蓋上量杯,設**4分/速度4**攪打至硬性發泡(依當下情況調整時間)。

    TIP▶▶ 硬性發泡的打發狀態,可用刮刀棒垂直插入,拉起來的蛋白霜微彎不下垂,就表示成功了。

4. 利用刮刀棒,將主鍋內的蛋白霜取出和蛋黃糊輕輕拌勻。

5. 再將剩餘的蛋黃糊全部倒入主鍋,並將鍋壁的蛋白霜往蝴蝶棒刮,設**20秒/速度2**混合,時間剩10秒時按反轉鍵 。

    TIP▶▶ 若混合不夠均勻,可將刮刀棒順著蝴蝶棒轉圈攪拌至均勻。

6. 將麵糊倒入蛋糕模中,放入已預熱的烤箱中下層,以190℃烘烤15分鐘,降溫至165℃再烤20～30分鐘至熟。

    TIP▶▶ 竹籤插入中心取出無沾黏即為蛋糕體烤熟了。

7. 取出,先將蛋糕模輕敲桌面,再將蛋糕模倒扣放涼。

    TIP▶▶ 倒扣是為了不讓蛋糕體回縮。

〔起士奶蓋〕

8. 將奶油乳酪和冰糖粉放入主鍋,設**15秒/速度5**混合均勻,利用刮刀棒將食材刮至主鍋底。

9. 加入鮮奶油和鮮奶,設**1分/速度4**攪打至滑順即為奶蓋,分成兩份放入擠花袋中,備用。

〔組裝〕

10. 待戚風蛋糕冷卻後,將蛋糕脫模並倒扣放置在盤子上。

11. 將奶蓋分2～3次擠在蛋糕上,利用筷子或抹刀輕推至蛋糕邊緣讓奶蓋自然滑落蛋糕邊緣。

12. 剩餘的奶蓋擠入蛋糕的中間空處,再以水果凍乾、裝飾糖珠和薄荷葉裝飾表面即可。

玫瑰花檸檬塔

◆操作時間：40分鐘　◆烹調時間：1小時10分鐘
◆準備器材：擠花袋、5齒或6齒的擠花嘴、冰箱、烤箱、
　　　　　　12連塔模、刨皮刀

酸酸甜甜柑橘甜點，是很多人的心頭好，這篇會教你簡單如何做出玫瑰花造型的檸檬塔，就像戀愛般的浪漫美好！

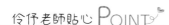

伶仔老師貼心 POINT

- ●超快速檸檬汁打法，將600克的檸檬剝皮去除白瓢，設6秒/🔄/速度6就可以取出新鮮汁液。
- ●做為餡料，使用常溫蛋和奶油可以節省烹調時間，然後剛煮好的檸檬凝乳應該會像濃湯狀態，冷藏後就會凝固，如果感覺太稀了就再煮一次，第二次烹煮過程中隨時查看狀態。
- ●製作塔皮要注意麵糰溫度不要太高，所以要避免室溫太高，並且使用冷藏奶油，壓緊塔圈時也要避免手溫太高或接觸過久。

🍓 食材

〔塔皮〕

A 白砂糖100克、奶油200克、低筋麵粉370克、蛋1顆、鹽1小撮、香草精1茶匙或自製香草糖

〔檸檬凝乳〕

B 檸檬皮1顆、檸檬汁100克、白砂糖100克、蛋3顆、玉米澱粉10克

C 吉利丁片10克、無鹽奶油135克

🍲 做法

〔塔皮〕

1. 將白砂糖放入主鍋，設15秒/速度10磨成細粉。

2. 加入奶油、低筋麵粉、蛋、鹽、香草糖至主鍋，利用刮刀棒輔助攪拌，設25～30秒/速度5混合。

   TIP▶▶無篩網的小撇步低筋麵粉可放入乾淨塑膠袋中，充滿空氣的輕輕搖晃，就能讓乾粉均勻散開。

3. 將麵糰從主鍋內取出，倒在烘焙紙上，整形成扁平狀後，蓋上保鮮膜，放入冰箱冷藏15～20分鐘。

4. 將烤箱預熱至180℃。

5. 麵糰上方蓋上一張烘焙紙，利用擀麵棍將麵糰擀成厚約0.3公分的塔皮，利用切模將麵皮切出適當的大小並放入塔模內鋪好，用手將塔皮壓下緊貼塔圈壁。

   TIP▶▶壓塔皮要用少許手粉防沾黏，再用塔皮壓棒輔助壓緊。

6. 塔皮用叉子戳洞後，放入已預熱的烤箱中以180℃烤15分鐘，取出放在涼架上放涼備用。

   TIP▶▶戳洞可以幫助熱氣散出，減少造成隆起或是裂開的情況。

〔檸檬凝乳〕

7. 將吉利丁片放入冰水泡軟備用。

8. 食材B依序全部放入主鍋，以【稠化模式 🦃 /100℃】烹煮。

   TIP▶▶如果是使用TM5，請選擇「卡士達餡」自動烹煮模式。

9. 擰乾吉利丁片水分，加入主鍋，設15秒/速度3混合。

10. 待溫度降至40℃，加入奶油，設30秒/速度3充分混合均勻，裝入擠花袋，放至冰箱冷藏30分鐘以上。TIP▶▶一定要充分冷藏，溫度夠冰，擠出的線條才漂亮。

〔組裝〕

11. 自冰箱取出檸檬凝乳，在擠花袋裝上5齒或6齒的擠花嘴。

12. 在塔皮上用檸檬凝乳擠出花朵造型，擠時手要保持垂直，先在塔皮內由小圈到大圈繞圈圈至滿。

13. 最後刨一點檸檬皮或用小片檸檬片裝飾即可。可放冷凍或冷藏保存。

   TIP▶▶冷凍過後再吃會有冰淇淋的口感，非常美味！

菠蘿泡芙

◆ 操作時間：35分鐘 ◆ 烹調時間：2小時
◆ 準備器材：4.5～5公分的圈模(或杯子)、擠花袋、烤箱

嗯～下午茶時間到囉！
外皮酥脆，內餡可口，是小美廚藝教室裡大受歡迎的點心，
現在就告訴你做出酥脆外皮的祕密！

伶仔老師貼心 POINT

● 可以參考我烤箱的溫度，可依各家烤箱脾氣調整～建議烘烤過程中絕對不可以開爐門，不然會消風喔！

● 密閉性太好的烤箱，可以一開始烤便夾手套留一點縫，但溫度不會跑掉，主要是為了讓水氣可以排出，若無留縫可能會因高溫造成內部水氣過多，一開烤箱開門，水氣一股衝出，泡芙反而會塌掉。

● 內餡可以使用鮮奶油餡(可參考P108水果毛巾卷)、卡士達醬(可參考P75氣炸烤牛奶)或是準備喜愛的冰淇淋口味都好。

🍓 食材

A 奶油60克、糖60克、杏仁粉50克、中筋
麵粉60克

B 牛奶140克、奶油70克、糖1茶匙、鹽1小
撮、低筋麵粉110克、蛋3顆

🍶 做法

〔菠蘿皮〕

1. 烤箱預熱210℃。

2. 食材A材料全放入主鍋，設**1分/速度4.5**混合好後，取出放到烘焙紙上擀平約
0.2～0.3公分厚度，再放冰箱冷藏。

　　TIP▶▶ 奶油不可融化，室溫手壓下去有指痕但不黏手，就是使用的最佳時機。

〔泡芙體〕

3. 將食材B的牛奶、奶油、糖、鹽放入主鍋，設**4分/100℃/速度1**加熱。

4. 把中筋麵粉倒入主鍋進行燙麵，設**20秒/速度4**混合。

　　TIP▶▶ 麵糊此時的狀態應該要完全不沾鍋，用刮刀棒可以輕易成糰的狀態。

5. 等主鍋降溫到60℃時，設定美善品**1分30秒/速度3.5**，分次加入打散的蛋液。

　　TIP▶▶ 一定要等到降溫才能加入蛋液，否則就會變成蛋花了。

6. 混合完成後，用刮刀棒挖起一坨麵糊，讓它自然落下，會形成倒三角型片狀且
邊緣光滑就可以裝入擠花袋中。

7. 利用圈模沾乾麵粉在烤盤上印出約數個4.5~5公分的參考圈狀，再剪開擠花袋
一個小洞，在圈中擠出均勻的麵糊。

　　TIP▶▶ 擠麵糊時，每顆麵糊都要在固定的高度下擠出，不要太貼著烤盤擠，才
　　　　能烤出圓蓬的泡芙唷！

8. 用手沾水將尖起的麵糊尾巴抹平，稍微整型。

〔組合〕

9. 將菠蘿皮從冰箱取出，用圈模切出直徑4.5～5公分的菠蘿奶酥片，蓋在每個泡
芙上。

10. 泡芙送進已預熱的烤箱最底層以200℃烤15分鐘，降溫到190℃再烤15分鐘。

　　TIP▶▶ 我的祕密在烤箱時間到後，微微打開烤箱門在縫裡夾手套，保持一點縫
　　　　隙，讓菠蘿泡芙在烤箱裡利用餘溫燜15分鐘。

11. 取出，放到待涼透再擠入任何你想要的內餡，像是鮮奶油、卡士達醬或是冰淇
淋都好吃喔！

水果毛巾卷

◆操作時間：40分鐘 ◆烹調時間：50分鐘
◆準備器材：直徑15公分的蛋糕模、蒸架

輕薄又軟彈的外皮，再配上絲滑的鮮奶油，模樣好討喜。
一樣的毛巾卷皮，我們不卷了，層層抹上打發奶油就是千層蛋糕喔！

食材

A 蛋2顆、糖13克、鮮奶油35克、中筋麵粉28克、玉米粉17克、牛奶120克、鹽1小撮

B 鮮奶油300克、冰糖粉25克、白蘭地½茶匙、罐頭水蜜桃1顆

C 煎餅用少許奶油、冰糖粉

做法

1. 水蜜桃切片備用。
2. 將蛋、糖、鮮奶油、中筋麵粉和玉米粉放入主鍋，設**20秒/速度3**混合。
3. 再加入牛奶和鹽，設**20秒/速度3**混合麵糊，利用篩網將麵糊過篩，備用。（清潔主鍋完畢並擦乾備用）
4. 以小火加熱平底鍋，刷上少量奶油，舀入1大湯匙麵糊，快速旋轉鍋子，讓麵糊均勻攤在全部鍋面成圓形，煎至看到表面浮出小氣泡，就能取出放涼。
   TIP▶▶重覆直到完成所有麵皮，大約8片。
5. **插入蝴蝶棒**，將鮮奶油、冰糖粉和白蘭地放入主鍋，**不設定時間/速度3**攪打至硬性發泡，取下蝴蝶棒。
6. 取4片餅皮橫向重疊排列，每片重疊⅓左右，在4片餅皮中央依序抹上一層鮮奶油，放上水蜜桃片。
7. 再將四片餅皮上下往內折起成長條狀，短邊再捲起做成毛巾卷的樣子，用保鮮膜包好放入冰箱冷藏，食用前再取出享用喔！
   TIP▶▶餅皮越多，毛巾卷層次越多。

伶仔老師貼心 POINT

● 水蜜桃也可改為任何當季柔軟水果，例如芒果，建議冷藏2天內要吃完喔！
● 成功硬性發泡的打發狀態，可參考p102水果奶蓋戚風蛋糕。

脆脆閃電泡芙

◆操作時間：30分鐘 ◆烹調時間：1小時10分鐘
◆準備器材：擠花袋、烤箱

明明不是閃電形狀為什麼叫做閃電泡芙？因為吃掉的速度就像閃電一樣快呀！

🍓 食材

A 白砂糖30克、水10克、杏仁角100克

B 水125克、無鹽奶油50克、鹽1小撮、低筋麵粉75克、蛋2顆

📖 做法

1. 將白砂糖和水放入不沾鍋裡用小火煮融，沒有融解之前不要翻攪。

2. 搖晃糖漿確認融化均勻後，倒入杏仁角翻攪均勻即可起鍋，此為杏仁脆脆，備用。

3. 將食材B的水、奶油、鹽1小撮放入主鍋，設**3分/100℃/速度1**混合。

4. 加入低筋麵粉，設**20秒/速度4**混合燙麵，取下主鍋，置於一旁冷卻至60℃。

   TIP▶▶ 將主鍋放回主機就知道降溫到幾度囉！

5. 將烤箱預熱至200℃；將烤盤鋪上烘焙紙，備用。

6. 將主鍋放回主機座上，設**1分30秒/速度3.5**混合。同時，透過主鍋蓋孔分次加入打散的蛋液。

   TIP▶▶ 分次慢慢的加入蛋液，是為了能更好的完全地吸收喔！

7. 將泡芙混合物裝入擠花袋中，裝上擠花嘴，在鋪好烘焙紙的烤盤上擠出長條型的閃電泡芙狀，每個麵糊間距5公分，於表面撒上杏仁脆脆。

   TIP▶▶ 手指沾水將尖起的尾巴將麵糊整平。

8. 放入已預熱的烤箱以200℃烘烤20～25分鐘至泡芙呈現金黃色。

9. 將烤箱關閉並把烤箱門打開一個小縫夾手套，利用餘溫燜約20分鐘待泡芙變硬，可立即享用或填入喜愛的餡料一起享用。

伶仔老師貼心 POINT

● 燙麵的作用是要為了阻止筋性產生，吃起來脆口不具彈性，是製作泡芙重要的手法，可填入鮮奶油或卡士達內餡，填餡後要當天食用完畢。

● 未食用完的泡芙要保持脆皮請密封放入冷凍。

鮮果寒天牛乳凍

◆操作時間：35分鐘 ◆烹調時間：4小時35分鐘
◆準備器材：方形模、冰箱

某次日本旅遊時在書店看到食譜，當下決定回台灣一定要把它復刻出來。
真心覺得女孩兒們一定會喜歡這款纖維含量和顏值一樣高的甜點，
試做幾次就研究出簡單好味方法，現在就教給你。

🍓 食材

A 水100克、白砂糖60克、寒天粉10克、牛奶300克、鮮奶油200克

B 綜合水果400克，例如柑橘、草莓、葡萄、奇異果

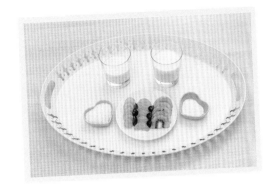

📒 做法

1. 視不同的水果做前處理，水果都要去皮去籽、柑橘類要撥瓣去絲，處理好後再全部切片。

2. 選擇一些水果片擺入模具底部及貼在模具邊壁內，剩下的備用。

3. 將水、白砂糖、寒天粉、牛奶放入主鍋，設**10分/100℃/速度2**煮滾，再從主鍋蓋孔加入鮮奶油，設**5分/80℃/速度2**混合均勻即為寒天牛乳汁液。

4. 用大湯匙一勺一勺的將寒天牛乳汁液輕輕慢慢的舀進模具中，填至七分滿。

5. 避免原先擺入的水果被移動，現在我們再加入剩下的水果片，均勻擺放。

6. 蓋上保鮮膜，於室溫中放涼，再放入冰箱冷藏至完全凝固，倒扣出來切塊就可以享用囉！

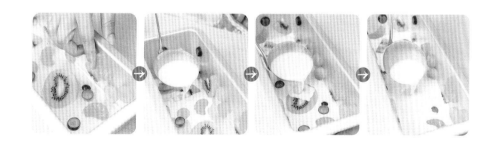

伶仔老師貼心 POINT

- 新鮮水果可以依喜好任選，除了上述的水果，使用芒果、草莓、哈密瓜也都很適合喔！

- 除了長型模具外，也可以做成迷你可愛的小杯裝，很適合party活動喔！

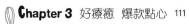

好芋兆
芋頭控看過來

小美新手舉手要發問？ PART 2

一台萬能多功能型料理機，好用是真好用，可是對於新接觸的小家電是又期待又緊張呀！不要怕，我們整理常見Q&A，讓你安神定心喔！

Q1 主鍋內為什麼會出現彩虹紋路？

A 主鍋是食品級不鏽鋼材質，相當安全。小知識和你說：所有不鏽鋼器具接觸任何液體或食材，就會有物理變化形成保護膜，也就是你看見的彩虹紋路出現，例如接觸有礦物質的水，再加上油和不同食材等，再清洗過後就算乾了也會有彩虹紋路出現，這就是不鏽鋼的特色，不用擔心這很正常喔！

Q2 鍋子內出現白點怎麼辦？

A 若鍋子內有白點，是因為水中的礦物質沈澱造成的，可用檸檬/醋水/專門洗不銹鋼的清潔劑清洗即可。

Q3 主鍋和主鍋蓋有異味時怎麼去除？

A 遇到清潔問題，我很推天然的最好啦！提供兩種自己的方式給大家參考。

- 檸檬皮清潔法

  檸檬可使用打完檸檬汁後的殘渣，食材從皮到渣渣都利用了，完全不浪費！

  ① 一顆檸檬切開＋水800克，設定**20秒/速度0-3-6-10**，切碎。

  ② 再設定**15分鐘/100℃/速度3**，加熱清洗。

  ③ 最後設定**3分鐘/速度10**，強力清洗，音樂響起倒去檸檬水，以清水沖洗乾淨即可。這時主鍋和鍋蓋都會充滿檸檬皮的香氣喔！

- 咖啡渣去味

  家裡的咖啡渣不要丟，或是我們去咖啡店裡取一小袋回家利用就好！

  ① 主鍋：將咖啡渣＋800克水用「高溫清潔」模式，接著還能泡鍋蓋。

  ② 主鍋蓋：將咖啡渣＋臉盆，加入熱水，淹過蓋子浸泡一小陣子，再拿出來以清水沖乾淨即可。這時會充滿咖啡香氣，很浪漫喔！

 伶仔老師貼心 POINT

- 鍋身為不鏽鋼，沒有毛細孔不會殘留，只要用檸檬皮或檸檬酸洗淨就可以。
- 主鍋蓋為矽膠材質，有毛細孔，使用久了會殘留味道。如果真的很在意，建議買第二個蓋子，分開使用。

萬用芋泥

◆操作時間：10分鐘　◆烹調時間：35分鐘
◆準備器材：蒸鍋組

芋頭控的你一定要先學會芋泥內餡怎麼做，直接吃就好幸福，
當然接著也能靈活運用在各種點心上，超級方便喔！

🍓 **食材**

芋頭300克、水500克、紅冰糖粉50克、奶油30克、牛奶40克、鮮奶油適量

🍮 **做法**

1. 帶著手套將芋頭去皮，切小塊。

2. 芋頭塊放入蒸鍋。在主鍋內放入水，再架上蒸鍋組，設**25分/Varoma/速度1**蒸煮。(時間到，取下蒸鍋組，再將主鍋的水倒掉清空。)

   TIP▶▶ 可用筷子插入芋頭，若很輕易就插入表示有熟透喔！

3. 趁熱將蒸好的芋頭、紅冰糖粉、奶油和牛奶放入主鍋，設**10秒/速度6**混合好，再用刮刀棒將鍋壁的芋泥刮至鍋底集中。

   TIP▶▶ 芋頭趁熱加入，利用熱度將糖和奶油更好充分混合。

4. 如果需要芋泥滑順一點，就慢慢加入適量的鮮奶油，以**10秒/速度4**拌勻，不夠就再加一次，調整到自己需要的程度，即可裝入擠花袋冷藏備用。

玫瑰花芋泥塔

- 在蒸熟芋頭的步驟時，可以加入一條紫心地瓜一起蒸熟用作調色(或用紫薯粉)，二者一起混合壓泥後，就能做出美麗的紫色內餡。

- 塔皮參考P104〈玫瑰花檸檬塔〉做法1~6，再將冰好的芋泥紫地瓜內餡裝入擠花袋中，裝上適用的擠花嘴，在烤好的塔殼內擠出玫瑰花形狀，即可做出玫瑰花芋泥塔。

伶仔老師貼心 **P**ᴏɪɴᴛ

- 芋頭皮直接觸碰容易引發皮膚癢，建議戴手套處理較好。切成小塊是縮短蒸熟的時間，如果感覺沒有熟透，就再蒸一下即可，

- 最後的鮮奶油是可以根據使用的點心或是自己吃的喜好，決定芋泥的濕潤程度，少量多次添加比較不會失誤，如果想直接吃芋泥，冷藏後濃郁香甜很好吃喔！

芋泥奶酪和菓子

◆操作時間：40分鐘　◆烹調時間：1小時10分鐘
◆準備器材：蒸鍋組、耐熱保鮮膜

網路上掀起芋泥奶酪球的風潮，圓滾滾模樣超級療癒。
咬一口還有乳酪球內餡，作法其實很簡單，我們加上金箔讓成品升級變得更高雅喔！

🍓 食材

A 奶油乳酪200克、糖粉35克

B 芋頭350克、奶粉20克、細砂糖40
克、奶油20克、紫芋粉3克

C 金箔1小片

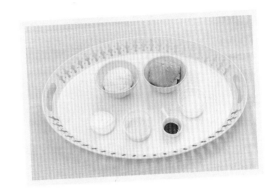

🍶 做法

1. 將芋頭都去皮切成小塊，放入蒸鍋備用。

2. 將食材A放入主鍋，以**20秒/速度2**混合均勻，用刮刀棒刮下鍋壁的甜奶酪，再
20秒/↩/速度2-3混合。

3. 取出甜奶酪平均分成10份(約20克)，舀入保鮮膜中束成球狀，放入冰箱冷藏即
為奶酪球。

4. 在主鍋內放入水，再架上蒸鍋組蒸芋頭，設**25分/Varoma/速度1**蒸煮。
   TIP▶▶完成後取下蒸鍋組，再將主鍋的水倒掉清空。

5. 將蒸好的芋頭、奶粉、細砂糖、奶油、紫芋粉放入主鍋，設**10秒/速度6**混合，
用刮刀棒集中至鍋底，再**揉麵鍵/1分**。

6. 設**10分/Varoma/速度2**炒乾，確認是否可以捏成團。若太黏手，可再用**3分/
Varoma/速度2**繼續炒乾到適合的狀態。

7. 待芋泥稍微冷卻時，平均分成10等份。
   TIP▶▶雙手沾油或沾水也可保持芋泥不沾手。這時不能撒乾粉當手粉，因為麵
   粉是生粉，接下來我們不再加熱熟成喔！

8. 將每一份都揉成球狀後，用手掌輕壓至扁，中間包入一塊甜奶酪球，用虎口收
口捏緊並搓圓，用保鮮膜包起來，放入冰箱冷藏3小時。

9. 充份冰好後，打開保鮮膜，皺摺處朝上撒上少許金箔裝飾，就是高級美麗的和
菓子囉！

伶仔老師貼心 POINT

● 家中沒有金箔也沒有關係，那就正面朝上一樣是胖胖可愛的芋泥奶
酪球。

● 建議當日若未食用完畢，就放在冰箱冷藏保存至多2天，請盡快食用
喔！

掛霜芋頭 ◆操作時間：10分鐘 ◆烹調時間：20分鐘

講到「掛霜」可能大家想到的是掛霜腰果，那可是追劇、閒聊的涮嘴點心呢！
一樣的概念芋頭控怎能放過掛霜芋頭呢？

🍓 食材

A 芋頭塊400克、油炸用油
B 細砂糖100克、水50克
C 水1000克、醋15克

🏺 做法

1. 將芋頭切成約一指寬度的小塊狀，以中火炸至表面金黃且熟，再以風扇吹涼備用。

2. 套用Cookidoo®「反砂杏仁」食譜，將食材B放入主鍋，將防濺蓋置放在主鍋蓋上，啟動【煮糖模式🍳】。

3. 加入酥炸好的芋頭塊，以25秒/🔄/速度🥄混合，或從量杯口看見均勻沾滿糖漿即可暫停。倒至盤中，待涼反砂後享用。

   TIP▶▶糖漿不夠均勻的可用刮刀棒再順時針快速轉一下。

4. 將1000克水和醋放入主鍋，啟動【清潔模式 -高溫清潔】就能輕鬆清洗主鍋。

   TIP▶▶加入醋可以清除任何不銹鋼鍋具焦黑部分。

伶仔老師貼心 POINT

● 這道食譜發想是改編新馬地區的Cookidoo® 食譜「反砂杏仁」。除了甜口，想變化口味還可以撒上椒鹽粉，鹹鹹甜甜更涮嘴！

紫薯芋泥椰漿糕

◆操作時間：15分鐘　◆烹調時間：3小時
◆準備器材：網鍋、方形烤模

這是一道無需烤箱，也毫無難度的懶人點心。
我從小不敢吃椰絲，就把這個元素改成椰漿，做成好吃的紫薯芋泥椰漿糕，
「只屬於你」喔！喜歡椰絲的人可以外表沾上雪白椰絲，就成為「雪花糕」了！

🍓 食材

A 芋頭240克、 水500克
B 玉米粉100克、奶粉25克、牛奶
　 150克、紫薯粉2克
C 糖95克、椰漿210克、牛奶240克
D 椰絲50克(可加可不加)

📖 做法

1. 芋頭去皮切小塊放入網鍋；再將
　 食材B先混合好，備用。

2. 主鍋放入水，置入做法1的網鍋，
　 設25分/Varoma/**速度1**蒸煮，完
　 成後取出芋頭塊，再清空主鍋。

3. 趁熱將芋頭和食材C放入主鍋，設
　 5分/100℃/速度2烹煮，再設1分
　 /**速度4-8**漸速調合。

　 TIP▶▶ 若芋頭並非剛蒸好，要拉
　 　　　　 長時間煮到100℃才能進行
　 　　　　 下一個步驟。

4. 將美善品設定5分/Varoma/**速度3**
　 混合，再將混合好的食材B粉漿透
　 過主鍋蓋孔加入。

5. 取出倒入鋪有烘培紙的方形模型
　 內，放在室溫待冷卻後，包上保
　 鮮膜，放入冰箱冷藏2小時以上，
　 就可以切成正方塊享用了。

　 TIP▶▶ 入模前，確認一下粉漿應
　 　　　　 該在滴落時會堆疊，才夠
　 　　　　 濃稠可以入模喔！

芋頭花環麵包

◆操作時間：40分鐘 ◆烹調時間：1小時10分鐘
◆準備器材：烤箱、保鮮膜

充滿懷舊的台式芋頭麵包，幾乎是芋頭控無法拒絕的選擇，
小美不僅可製作內餡，還可揉製麵糰，一機數用很方便唷！

伶仔老師貼心 POINT

● 食材中的蛋買來有大有小，建議先打一顆蛋後，再將牛奶補足到280克。

● 台灣天氣炎熱，液體和奶油都需要使用冰的，需要時再從冰箱取出，可防
止麵糰揉製過程中溫度過高，造成麵包體老化，影響口感。

● 二次發酵時間會依室溫高低影響時間，判斷完成發酵的方式，可將手輕輕
伸到烘焙紙下捧著麵糰，感覺輕盈蓬鬆，像是捧著棉花糖一樣，就表示可
以烘烤了。

食材

A（麵包）

速發酵母粉3克、高筋麵粉350克、低筋麵粉50克、糖40克、鹽¼茶匙、冰牛奶+蛋1顆共280克、冰奶油40克、芋泥餡450克

B（裝飾）

蛋黃1顆，刷上色用、杏仁角裝飾，依個人喜好添加

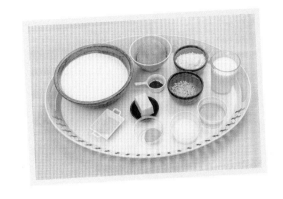

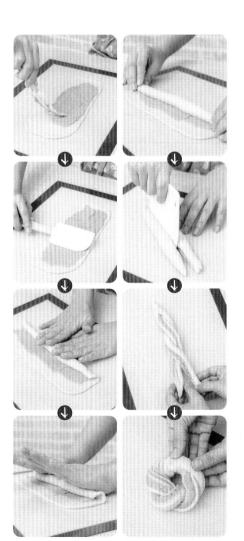

做法

1. 將酵母粉、高低筋麵粉、糖、鹽、冰牛奶蛋液依序放入主鍋，設**2分/揉麵糰**。
2. 加入冰奶油，設**3分/揉麵糰**，取出麵糰，用手整形成光滑圓球狀後，放入大碗中蓋上保鮮膜，發酵40分鐘。
   TIP▶打完麵糰記得做薄膜測試，如果不夠可以再揉1分鐘。
3. 將麵糰分割成10份(每份約75克)，滾圓，用擀麵棍擀平擀成長方形。
4. 以軟刮板均勻抹入芋泥餡(約50克)，捲起收口並搓長，用手輕壓扁後，以軟刮刀切割平分成兩條(但不全切斷)。
5. 將兩條麵糰以交錯手法編成辮子狀，頭尾接合處捏緊成花環形，一一放入鋪有烘焙紙的烤盤上，噴水、放置在溫暖處進行二次發酵約1小時。
   TIP▶同時，將烤箱預熱至180℃。
6. 將發酵好的麵糰表面刷上蛋黃，撒上杏仁角，放入烤箱以180℃烤18～20分鐘，取出置於室溫待涼即可享用。

芋粿巧 ◆操作時間：35分鐘 ◆烹調時間：1小時 ◆準備器材：蒸鍋組

早期的芋粿巧常用來供奉神明祭祀祖先，所以會做成彎月元寶形狀。
現代人懷念起老滋味，用小美自己做來吃真的不難，
鹹香懷舊的滋味真是歷久不衰的經典呀！

🍓 食材

A 再來米粉75克、糯米粉175克、地瓜粉20克、水220克

B 芋頭200克

C 乾香菇20克、蝦米15克、紅蔥酥20克、油30克、香油15克、豬絞肉50克

D 鹽½茶匙、白胡椒粉½茶匙、五香粉¼茶匙、細白砂糖20克、醬油1茶匙

E 蒸煮用水500克

🍲 做法

1. 芋頭去皮切小塊；乾香菇、蝦米沖洗後靜置至軟，備用。

2. 將食材A放入主鍋，設**2分/40℃/速度4**，取出粉糊倒入大碗中備用，並清洗主鍋。

3. 將去皮芋頭塊放入主鍋，設**10秒/速度4**切碎，取出倒入大碗中備用。

4. 將做法1的乾香菇放入主鍋，設**5秒/速度5**切碎，用刮刀棒將香菇集中刮至主鍋底。

5. 再於做法4中加入蝦米、紅蔥酥和香油，設**10分/Varoma/速度⤴**爆香。

6. 啟動後，再從量杯孔加入豬絞肉拌炒，完成時再用刮刀棒將食材集中刮至主鍋底並充分混合。

   TIP▶▶若豬絞肉結團，可用刮刀棒拌開。

7. 加入切碎的芋頭和調味料D，設**3分/🔄/速度2**混合。

8. 啟動後，從量杯孔加入做法2的粉糊與做法7充份混合好，再取出分割成每份約60克的小糰。

9. 將每個小糰用手掌壓成圓扁狀，置入鋪有烘焙紙的蒸盤蒸鍋內。(清潔主鍋)

   TIP▶▶這時也可以稍微塑型，做成彎月狀。

10. 將500克水放入主鍋，架上蒸鍋組，設**25分/Varoma/速度1**蒸煮，完成時取下，待稍微冷卻後即可享用芋粿巧的古早味囉！

伶仔老師貼心 POINT

● 無論蘿蔔糕、芋頭糕或是芋粿巧都不用擔心，小美有自動清洗的功能，不用怕黏呼呼的粉糊粉漿沈在鍋底難清理喔！如果是最後一次清理，可加少許清潔劑洗的更乾淨。

愛用好物分享 伶俘老師

很多媽媽們常在詢問，還有什麼廚房好物可以幫助大家做菜更輕鬆優雅呢？

其實，除了小美多功能料理機是伶俘老師的心頭好外，還是有不少好用的家電及料理好物，能幫助提升做菜美味的魔法喔！

這邊就不藏私，現在就和大家分享啦！

善用廚房好物，做菜更輕鬆

令人安心的炒鍋我推WOKY恰恰鍋！

雖然我有小美了，但偶爾我也會想改用鍋子炒菜，先不說它重量輕，可以輕鬆帥氣地練甩鍋(被發現我也愛耍帥了～)，主要是恰恰鍋是使用"賽車級"鋁合金材料，搭配陽極處理的工序，讓鍋面表層形成比不銹鋼更耐磨2倍的氧化表層，完全無塗層，用鐵鏟鋼刷都不怕，對家庭主婦來說不黏鍋＋耐用真的是最大考量，也是為什麼我愛啦！

小家電大空間的絕佳代表我用
Voto 氣炸烤箱！

　　氣炸烤箱外觀顏色多元、小巧可愛，裡面空間卻意外地足夠，烤全雞、做烘焙都不是問題，重點是還不需要預熱，是不是太讚啦！

　　我發現搭配多種配件，像是串燒架、烤雞架和旋轉烤籠等，可以旋轉食材，讓燒烤更均勻，甚至烘堅果、烤栗子都不再是問題，還有貼心的照明功能，隨時查看烘烤狀態，顏值高、功能多，我超級推薦。

吃肉可以很放心的有心肉鋪子！

　　youtube影片中詢問度超高、吃起來超Q彈的美善品烘全雞，我們書中的桶仔雞，都是來自「有心肉鋪子」的放山小土雞。我對家人吃的食物很挑剔，我有問過，他們的肉品通過SGS藥檢合格，不打抗生素，一定養到足月，也就是超過120天，為了使雞隻的腸道健康，飼料中添加活菌，而且，只販售國產肉品喔！讓我們一起支持台灣畜牧業吧！

料理不可少的辛香料都交給小磨坊！

　　做料理少不了調味吧，調味的重點除了鹽、糖外，就以辛香料為主了，我自己做菜的調味就偏愛使用小磨坊香辛料。為什麼呢？因為這個家家戶戶都知曉的品牌，就連不少專業餐廳都是使用小磨坊香辛料，對我來說專業都選擇了，應該很好吧！重點是種類很齊全，中式西式應有俱有，想找什麼基本不可能沒有，品質很穩定，所以分享給大家。

心伶美廚 美善品研究室

顏伶仔老師教你 60⁺ 爆款人氣料理密技，
省時省力、簡單美味，功夫菜不費工、烘焙甜點不麻煩 。

作　　　者	顏伶仔
美 術 編 輯	關雅云
專 案 統 籌	劉文宜
企畫選書人	賈俊國

總　編　輯	賈俊國
副 總 編 輯	蘇士尹
編　　　輯	黃欣
執 行 編 輯	洪英芷(Bonnie)
食 物 造 型	張雅琪 (RB)
食 譜 攝 影	良品多媒體有限公司
人 物 攝 影	黃信文
食 譜 協 力	張少閔、張源家、張倍安、張銘宸
行 銷 企 畫	張莉滎、蕭羽猜、溫于閎
發 行 人	何飛鵬
法 律 顧 問	元禾法律事務所王子文律師
出　　　版	布克文化出版事業部
	台北市中山區民生東路二段141號8樓
	電話：(02)2500-7008　傳真：(02)2502-7676
	Email：sbooker.service@cite.com.tw
發　　　行	英屬蓋曼群島商家庭傳媒股份有限公司城邦分公司
	台北市中山區民生東路二段141號2樓
	書虫客服服務專線：(02)2500-7718；2500-7719
	24小時傳真專線：(02)2500-1990；2500-1991
	劃撥帳號：19863813；戶名：書虫股份有限公司
	讀者服務信箱：service@readingclub.com.tw
香港發行所	城邦（香港）出版集團有限公司
	香港九龍九龍城土瓜灣道86號順聯工業大廈6樓A室
	電話：+852-2508-6231　　傳真：+852-2578-9337
	Email：hkcite@biznetvigator.com
馬新發行所	城邦（馬新）出版集團 Cité (M) Sdn. Bhd.
	41, Jalan Radin Anum, Bandar Baru Sri Petaling,
	57000 Kuala Lumpur, Malaysia
	電話：+603- 9057-8822　　傳真：+603- 9057-6622
	Email：cite@cite.com.my
印　　　刷	卡樂彩色製版印刷有限公司
初　　　版	2024年01月
售　　　價	NTD380元 ；127 HKD 元
I S B N	978-626-7337-79-0
E I S B N	978-626-7431-03-0(EPUB)

國家圖書館出版品預行編目(CIP)資料

心伶美廚 美善品研究室：顏伶仔老
師教你60⁺爆款人氣料理密技,省時
省力、簡單美味,功夫菜不費工、烘
焙甜點不麻煩。/顏伶仔著. – 初版.
– 臺北市：布克文化出版事業部出
版：英屬蓋曼群島商家庭傳媒股份
有限公司城邦分公司發行, 2024.01
　　面；　公分
ISBN 978-626-7337-79-0(平裝)

1.CST：烹飪 2.CST：食譜

427　　　　　　112019703

城邦讀書花園　　布克文化
www.cite.com.tw　　WWW.SBOOKER.COM.TW

╥OKY

專為台灣人的使用習慣而生
台灣製可用鐵鏟不沾鍋－恰恰鍋

多位職人料理廚房指定使用。用講究的心，留住不將就的味

- ☑ 榮獲2022德國紅點設計獎
- ☑ 噴噴募資總金額達1500萬
- ☑ 台灣30年製鍋工廠在地生產
- ☑ 全鍋無塗層使用最安心

reddot

26CM 深煎鍋　　28CM 平煎鍋　　32CM 炒鍋